FORSCHUNGSBERICHTE DES LANDES NORDRHEIN-WESTFALEN

Nr. 1231

Herausgegeben
im Auftrage des Ministerpräsidenten Dr. Franz Meyers
von Staatssekretär Professor Dr. h. c. Dr. E. h. Leo Brandt

DK 65.011.2:658.5
658.5.011.2:621.834
65.015.24:621.834
65.012.66:621.834

Dr.-Ing. Klaus-Günter Wendt

Forschungsinstitut für Rationalisierung an der Rhein.-Westf. Techn. Hochschule Aachen
Direktor: Prof. Dr.-Ing. Joseph Mathieu

Möglichkeiten und Grenzen der Ermittlung von fertigungstechnischen Kennzahlen und Richtwerten; erörtert am Beispiel der Zahnradherstellung

WESTDEUTSCHER VERLAG · KÖLN UND OPLADEN 1964

ISBN 978-3-663-06398-8 ISBN 978-3-663-07311-6 (eBook)
DOI 10.1007/978-3-663-07311-6

Verlags-Nr. 011231

Gesamtherstellung: Westdeutscher Verlag

Inhalt

Vorwort

Die Forderung oder der Wunsch nach einer betrieblichen Leistungssteigerung macht es notwendig, zunächst für die Messung der Leistung geeignete Maßstäbe zu finden, deren Meßzahlen später durch Auswahl, Vergleich, Gewichtung und Bewertung auf vielfältige Art verwandelt werden können in Richtzahlen von allgemeinerer Gültigkeit. Eine Vielzahl von Begriffen ist hier in Gebrauch, für die eine Systematisierung jedoch bisher nicht vorliegt. (Die Ausdrücke »Kennzahl« bzw. »Richtwert« wurden in der Themastellung nur vertretend für alle ähnlichen Begriffe, wie Kennziffer, Branchenstandard, Sollzahl usw., gesetzt.)
Die Bedeutung dieser Richtwerte wird im neueren Schrifttum meist im Hinblick auf den Nutzen für die Betriebsführung hervorgehoben. Aus gewissen Kennzahlen soll also Aufschluß erhalten werden über die zeitliche Entwicklung z. B. der Wirtschaftlichkeit des Unternehmens und über die Situation im Verhältnis zu anderen Betrieben, um so Schwachstellen und damit lohnende Ansatzpunkte für Verbesserungen zu finden.
Der Nutzen der Kennzahlen oder Richtwerte beschränkt sich jedoch nicht nur hierauf, sondern sie können im weitesten Sinne als Grundlage für viele Beurteilungen und Entscheidungen bezeichnet werden.
Die bisher im allgemeinen zögernde Anwendung solcher Zahlen ist im wesentlichen begründet durch die mangelnde Kenntnis von deren Wert, durch die Scheu von ihrer möglichen Vielfalt und durch die damit im Zusammenhang stehende Unsicherheit, welches denn nun die wirklich »treffsicheren« Kennzahlen seien. Diese Gründe lassen es als berechtigt erscheinen, einmal die gedanklichen Zusammenhänge und Ordnungsschemata aufzuzeigen, die einen Überblick über die möglichen Kennzahlen und Richtwerte und ihren zweckmäßigen »Ansatz« geben und so vielleicht ihre Einführung erleichtern helfen.
Diese Arbeit soll somit der Versuch sein, eine Ausrichtung der auf verschiedenen Ebenen möglichen Kennzahlen bzw. Richtwerte zu bringen, wobei insbesondere die Meßzahlen der Wirtschaftlichkeit in der Fertigung berücksichtigt werden sollen. Als »technische« Richtwerte werden dabei Zahlen mit physikalisch-technischen Dimensionen oder Mengengrößen verstanden. Es soll also untersucht werden, wieweit es möglich ist, ein wert-, kosten- und preisunabhängiges Grundgerippe von Meßzahlen als Mengengerüst in der Fertigung zu schaffen, das erst in letzter Stufe durch eine Bewertung über die Kosten addierbar oder vergleichbar gemacht wird und so den Übergang zu den Kennzahlen betriebswirtschaftlicher Natur ermöglicht.
Der Zusammenhang mit dem Kostenwesen und der Übergang zu den betriebswirtschaftlichen Kennzahlen soll dabei aus folgendem Grunde von vornherein gewahrt bleiben:

Setzt man einmal voraus, daß der Absatz eines Erzeugnisses sichergestellt sei und daß deshalb die marktwirtschaftlichen Überlegungen unberücksichtigt bleiben können, dann ist – trotz der heute viel angeführten Produktivität, die überwiegend als Verhältniszahl aus reinen Mengengrößen angesehen wird – das Prinzip der minimalen Herstellkosten in der Fertigung entscheidend geblieben für die Beurteilung der Wirtschaftlichkeit von mehreren zur Auswahl stehenden Verfahren, bei gleicher Qualität des Enderzeugnisses. Damit ist die Bedeutung einer Kostenbetrachtung herausgestellt. Damit möge zugleich auch gesichert sein, daß die Mengengrößen der fertigungstechnischen Meßzahlen mit dem Kostendenken genügend eng verflochten bleiben und von dort her ihre Ausrichtung erfahren.

Die Arbeit soll schließlich ein Beitrag sein zur Klärung der Frage, in welcher Form und inwieweit von überbetrieblichen Stellen aus überhaupt sinnvoll eine Ermittlung von Kennzahlen und Richtwerten geschehen könnte, insbesondere soweit sich diese auf den Bereich der Fertigung beziehen.

Die praktische Erörterung des Problemkreises war möglich durch die Mitarbeit des Verfassers an einem in 20 Betrieben der Zahnradherstellung – auch Großbetrieben mit Zahnradabteilungen – durchgeführten technischen Betriebs- und Verfahrensvergleich, der über die reinen Untersuchungsunterlagen hinaus vielerlei Ansatzpunkte zur Bildung von Kennzahlen und Richtwerten zeigte, die nun unter systematisierenden und methodischen Gesichtspunkten in der vorliegenden Arbeit verwertet und eingeordnet worden sind.

Eine branchengebundene Betrachtung erschien hierbei notwendig, einmal, um konkrete Beispiele und Erläuterungen geben zu können, zum anderen, um in übergeordneten oder anderorts funktional gleichen Bereichen gewisse allgemeine Gesichtspunkte herausarbeiten zu können. Zweck der Arbeit ist also nicht vordringlich die Ermittlung von technischen Richtwerten, deren absolute Höhe für die Zahnradfertigung einen verbindlichen oder empfehlenden Charakter haben könnte, sondern im Vordergrund stehen die grundlegenden methodischen und systematisierenden Fragen.

Die gewählte Branche schien für diesen Zweck aus folgenden Gründen besonders geeignet:

1. Die Vielfalt der technischen Verfahren und Fertigungsgänge gab stets zu Überlegungen Anlaß, inwieweit die gewonnenen Erkenntnisse für andere andere Branchen der Metallverarbeitung übertragbar sind.
2. Die Arbeiten waren Akkordarbeiten und damit schon durch die Arbeitsvorbereitungs-Abteilungen weitgehend »durchgeplant«.
3. Durch die vorliegenden Normen und DIN-Verzahnungstoleranzen ist die Bestimmung der Zahnradqualität eindeutig möglich und damit eine Koppelung der Fertigung an die Erzeugnisgüte gegeben; ein Umstand, der die Vergleichbarkeit hier eigentlich erst ermöglicht.
4. Die Produktionsfaktoren Arbeit, Stoff (Material), Maschinen und Kapital sind hier in solcher Zusammensetzung wirksam, daß eine Beschränkung der Betrachtung auf z. B. die Arbeit und die Arbeitszeit allein zu falschen Schlüssen

geführt hätte. Es war also geboten, dem Zusammenhang aller Größen des Mengengerüstes mit der Kostengestaltung ständige Beachtung zu schenken. Für den Einblick in die Einzelkosten der Herstellung standen aber durchgebildete Kostenrechnungswesen zur Verfügung.

Unter diesen Voraussetzungen geschieht die branchengebundene Erörterung der theoretischen Überlegungen in der Erwartung, damit den praktischen Wert einer solchen Untersuchung zu erhöhen und Anregungen zu geben, die zur Übertragung auf anders geartete Fertigungen ermutigen.

1. Kennzahlen und Richtwerte in allgemeiner Betrachtung

1.1 Kennzahlen, Richtwerte und ihre Bedeutung

Bevor die Untersuchung auf das spezielle Gebiet der technischen Richtwerte eingeht, möge in allgemeiner Betrachtung zunächst gezeigt werden, in welchem Rahmen bisher Richtwerte überhaupt für den industriellen Betrieb angewendet worden sind, wie sie gebildet wurden und von welchen Unterlagen man dabei ausging. Das möge zugleich den *Begriff* der Kennzahlen und Richtwerte in allgemeiner Form deutlich machen. Ihre Systematik und Gliederung und die Methoden ihrer Ermittlung werden jedoch erst Gegenstand der nächsten beiden Abschnitte sein. Die dabei teilweise notwendigen gedanklichen Abstraktionen erhalten dann aber durch eine vorausgegangene Schilderung der Anwendungsgebiete der Kennzahlen einen Sinn und ein Ziel.

Der Ausgangspunkt ist immer durch gewisse Grundzahlen gegeben, die sogenannten »Uraufschreibungen« entstammen und die das Bindeglied zwischen den späteren Kennzahlen und dem – durch Zahlen belegten – wirklichen Betriebsgeschehen darstellen. Dabei ist es vorteilhaft, wenn diese Grundzahlen der Buchhaltung, der Kostenrechnung der Materialverwaltung oder anderen Betriebsaufschreibungen entnommen werden können; sie sollen also möglichst ohnehin anfallen.

Die *Bilanz und die Erfolgsrechnung* sind beispielsweise ein solches ohnehin anfallendes Zahlengerüst, das zur Verfolgung der zeitlichen Entwicklung einzelner Größen oder zum Vergleich mit anderen Unternehmungen benutzt wird. Man ist bestrebt, ein Bild über die Kapitalstruktur der Unternehmung als Ganzes zu gewinnen und deren Veränderung und Entwicklung zu verfolgen, nötigenfalls im Vergleich mit den Zahlen anderer Unternehmungen.

Die hierfür notwendige Umformung des Bilanzbildes nach einheitlichen Gesichtspunkten besteht in der Regel in einer »Umstellung, Zerlegung, Zusammenfassung und Gruppenbildung« [18/S. 54].

Man setzt z. B. die Bilanzsumme gleich 100 und drückt alle einzelnen Bilanzposten in Prozent davon aus. Auf der Aktivseite kann man so zusammenfassen, daß nur noch Anlage- und Umlaufvermögen unterschieden wird. Auf der Passivseite können die Gruppen Eigenkapital, Fremdkapital und Reingewinn stehen. So sind beispielsweise Aufschlüsse möglich über die Deckung des Anlagevermögens und von Teilen des Umlaufvermögens durch das Eigenkapital. Mit den Einzelposten der Aktiv- und Passivseite können bereits die ersten Kennzahlen gebildet werden: die *Liquidität* und die *Rentabilität*.

Das Verhältnis der sofort greifbaren Barmittel, der Wechsel- und Kundenforderungen einerseits zu den kurzfristigen Verbindlichkeiten andererseits führt zur »Liquidität ersten Grades«, von den Amerikanern bildhaft als »acid test«, als Feuerprobe, bezeichnet [56/S. 643]. Die »Liquidität zweiten Grades« berücksichtigt darüber hinaus das gesamte Umlaufvermögen einschließlich der Vorräte.
Die Rentabilität ist das Verhältnis des Gewinns zum Vermögen (Kapital). Auf ihre Bedeutung wird später noch eingegangen werden.

Der Prozentbilanz haftet nun aber der Mangel an, daß sie die Veränderung der *Absolutgrößen* in der zeitlichen Entwicklung nicht darstellt. Um diese verfolgen zu können, kann man in weiterer Umarbeitung der Zahlen der Bilanz alle Ziffern eines bestimmten Jahres gleich 100 setzen und nun die Ziffern der folgenden Jahre an diesem »Pegel« messen (Indexmethode).
Um zu einer weiteren Verfeinerung der Meßzahlen und besseren Durchleuchtung der Unternehmenslage zu kommen, zieht man auch Zahlen der *Gewinn- und Verlustrechnung* oder auch andere Größen, die außerhalb der Bilanz stehen – Schlüsselzahlen genannt –, heran. Wiederum handelt es sich um Zahlen, die – bei einem gewissen Vollkommenheitsgrad des betrieblichen Abrechnungswesens – ohnehin anfallen.

Das können zum Beispiel sein [18/S. 56]:

1. Die normale Produktionskapazität,
2. die tatsächlich erreichte Produktionsleistung in der Geschäftsperiode,
3. die Arbeiterzahl,
4. die verarbeiteten Rohmaterialmengen,
5. die Umsatzhöhe,
6. die Kapitaleinheit.

Auch die Zahl der abgerechneten oder geleisteten Arbeitsstunden könnte hier noch hinzugezogen werden.
Diese Aufstellung zeigt, daß hierbei bereits der Bereich der Finanzbuchhaltung verlassen wird und daß Zahlen der Betriebsbuchhaltung und der Lagerverwaltung als Bezugsgrößen herangezogen werden, obgleich es sich immer noch um Versuche handelt, über charakteristische Kennzahlen ein Bild von der Situation der Unternehmung als *Ganzes* zu bekommen. In der Aufstellung treten gegenüber den reinen Wertziffern der Bilanz auch die ersten echten Mengengrößen auf.
Es ist nicht verwunderlich, daß versucht worden ist, eine einzige Zahl zu finden, die den Geschäftsablauf eines Jahres für eine Unternehmung repräsentiert und die dann zu Vergleichen herangezogen werden kann. SCHMALTZ [42/S. 227] beschreibt unter der Bezeichnung »Kombination von Wertverhältnis- und Indexmethode« ein Verfahren, wonach die Indexzahlen bestimmter Verhältniszahlen aus den Ziffern der Bilanz und der Gewinn- und Verlustrechnung über eine Gewichtung zu einer einzigen Indexzahl zusammengezogen werden:

Kombination von Wertverhältnis- und Indexmethode
(Nach SCHMALTZ)

Typische Wertverhältnisse	Standard je Branchengruppen	Gewicht [%]	Betrieb A Originalzahl	Betrieb A Index	Betrieb A Gewogener Index	Betrieb B Originalzahl	Betrieb B Index	Betrieb B Gewogener Index
Liquiditätsgrad	150 (= 100)	25	130	87	22	120	80	20
Eigenkapital : Fremdkapital	110 (= 100)	25	120	109	27	120	109	27
Eigenkapital : Anlagevermögen	115 (= 100)	10	95	83	8	100	87	9
Umsatz : Debitoren	360 (= 100)	20	350	97	19	300	83	17
Umsatz : Warenbestand	360 (= 100)	20	320	89	18	350	97	19
		100			94			92

Die Problematik liegt hier in der richtigen Auswahl der »Wertverhältnisse« und in der Frage der Gewichtung. Statt einer genauen Schilderung des Verfahrens soll es hier nur darauf ankommen, zu zeigen, bis zu welchen Grenzen man überhaupt versucht hat, in wenigen abstrakten Kennzahlen die Komplexität der Unternehmengebarung darzustellen.
Die Zahlen der *Betriebsbuchhaltung* sind nach der Bilanz und der Gewinn- und Verlustrechnung das nächste – nun weit differenziertere und in die Einzelheiten gehende – Zahlengerüst, das ohnehin anfällt. Hier findet man ähnliche Bemühungen, zu einer – gegenüber der Bilanz allerdings kurzfristigeren – Betriebsüberwachung zu kommen. Zu der allgemeinen Hauptaufgabe des betrieblichen Rechnungswesens überhaupt bemerkt KUBLI [24/S. 359], daß diese im geschäftlichen Alltag so umschrieben wird,

»..., daß es die für eine wirtschaftliche Führung des Betriebes notwendigen zahlenmäßigen Unterlagen bereitzustellen gelte. Diese generelle Forderung wird allerdings nicht überall gleich ausgelegt. Je nach Wirtschaftsbranche, je nach Betrieb liegt das Gewicht, das die Betriebs- oder Unternehmensleitung den Arbeiten im betrieblichen Rechnungswesen beimißt,

einmal bei der Beschaffung von Unterlagen für die Preisstellung,
ein anderes Mal bei der Beschaffung von Unterlagen für die Betriebsüberwachung,
ein drittes Mal bei der Bewertung der halbfertigen, fertigen oder noch in Fabrikation befindlichen Produkte,
ein viertes Mal bei der kurzfristigen Erfolgsermittlung

und so fort. Als Nebenzwecke werden häufig geltend gemacht:

die Feststellung der Preisuntergrenze,
die Ermittlung des günstigsten Erzeugungsverfahrens,
die Bereitstellung von Unterlagen für Neubauplanungen,
der Betriebsvergleich zum Zwecke der günstigsten Auftragsverteilung bei Großunternehmen mit mehreren gleichartigen Fertigungsbetrieben usw.«

Geht man alle hier aufgeführten Einzelpunkte einmal durch, so wird man finden, daß viele der gewünschten Aussagemöglichkeiten sich letztlich auf Größen physikalisch-technischer Dimensionen oder Mengenangaben stützen oder stützen müßten, wenn sie *exakt* sein sollen. Dies soll im folgenden genauer gezeigt werden, um zu begründen, warum insbesondere die Mengengrößen und die mit ihnen zu bildenden Kennzahlen und Richtwerte zum Gegenstand der Untersuchung gemacht worden sind.

Bei der Preisstellung zum Beispiel scheint der Zusammenhang mit den mengenmäßigen Aufwendungen zunächst nicht gegeben zu sein, da die Marktverhältnisse doch oft keine feste Relation der Preise zu den Kosten bestehen lassen. Für normale, ausgeglichene Verhältnisse dürfte aber – wie auch HENZEL [18/Vorwort] bemerkt – ein Zusammenhang zwischen Preisen und Kosten bestehen, da die Preise auf den Kosten aufbauen oder doch von ihnen beeinflußt werden bzw. von der Kostenseite aus ihre Beurteilung finden.

Die Zusammensetzung der Kosten aber läßt sich zurückführen auf die verbrauchten Materialmengen und Arbeitszeiten (und deren Bewertung durch einen Preis je Mengeneinheit bzw. einen Lohn je Zeiteinheit) mit einem Gemeinkostensatz, der wiederum die Arbeitsstunden der nicht unmittelbar dem Erzeugnis zurechenbaren Aufwendungen enthält und dazu die Mengen der – später bewerteten – Betriebs- und Hilfsstoffe, die Kosten des in m^2 oder m^3 ausdrückbaren Raumes und dessen Wartung und Heizung, das wiederum in Reparaturstunden und Reparaturmaterialmenge und Kilowattstunden oder Kilokalorien angebbar ist. Für einen Materialgemeinkostensatz würde ähnliches gelten. Auch die Zuschläge für Verwaltung und Vertrieb ließen sich aus Größen des Mengengerüstes – Arbeitszeiten, Miete der Büroräume, Mengen von Büro- und Werbematerial usw. – begründen.

Errechnet man die Herstellkosten statt über Lohn- und Gemeinkosten mit Hilfe der *Platzkosten* und versucht damit, möglichst viele Kosten unmittelbar dem Erzeugnis zuzurechnen, so wird die Nützlichkeit einer mengenmäßig-technischen Betrachtung besonders offensichtlich, wie in späteren Abschnitten zu zeigen sein wird.

Selbst in *Bewertungsfragen* können Zeiten oder Mengengrößen die Grundlage bilden. So kommt RUMMEL [39/S. 353] bei dem allgemeinen Problem der Anlagebewertung (nach Zeitwert, Substanzwert) zu dem Ergebnis,

> »... daß *alle* Schätzungs- und Rechnungsverfahren für das Verhältnis des Zeitwertes zum Wiederbeschaffungswert letzten Endes immer auf Lebensdauerschätzungen hinauslaufen; es gibt überhaupt keine anderen Möglichkeiten der Anlagebewertung.«

Hier tritt also die Zeit in anderer Form als bei den Arbeitszeiten auf, um als Grundlage für kalkulatorische Überlegungen zu dienen, nicht, um mit einem Wertfaktor in Geldeinheiten umgerechnet zu werden, sondern nur, um – als Kalenderzeit – über das Verhältnis zwischen der Lebensdauer der alten zu einer neuen Anlage auch das Verhältnis vom Zeitwert zum Wiederbeschaffungswert zu bestimmen.

Das Bemühen, möglichst viele Einzelheiten und Unterlagen des Betriebsgeschehens zunächst mit technischen oder Mengendaten zu beschreiben, findet seine Begründung darin, daß diese Daten als absolute Zahlen oder in ihrer Beziehung untereinander eine größere Beständigkeit und einen im allgemeinen *schwankungs-*

freieren Trend zeigen als die der Wert- und Geldgrößen. In einem speziellen Bereich der technischen Kennzahlen, nämlich dem der *Arbeitsgeschwindigkeiten* bei verschiedenen Herstellverfahren, zeigt diesen Trend die folgende Abbildung [34]:

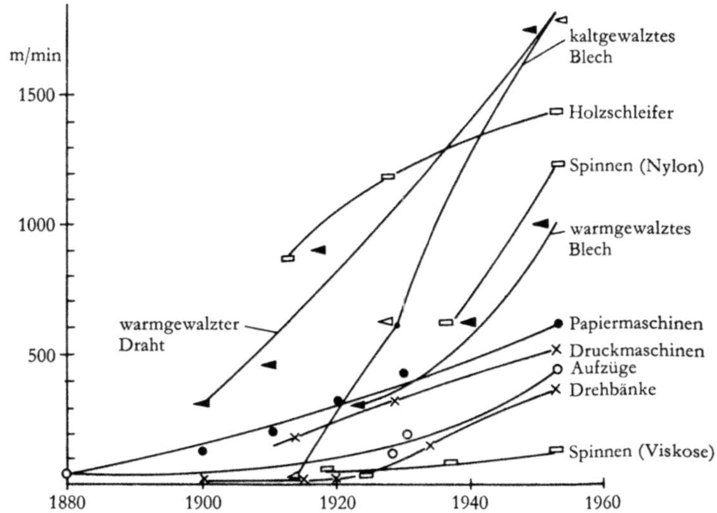

Ansteigen der Arbeitsgeschwindigkeit in industriellen Anlagen

So sind die technischen Größen ein konstanteres Meßgerüst, weil sich in ihrer Veränderung meist nur der technische oder organisatorische Fortschritt abzeichnet, während in den Wert- und Preisgrößen stets die – vom Betrieb unterschiedlich stark beeinflußbaren – Schwankungen des Marktes, des Geldwertes, der Politik und andere hineinspielen. Durch dimensionslose Beziehungszahlen (z. B. Prozentsätze bei Zinsen oder Soziallohn-Anteilen) kann man hier allerdings auch einen gewissen Ausgleich schaffen.

Die Aufmerksamkeit möge noch einmal auf die von Kubli [24/S. 359] gegebene Aufstellung der »Aufgaben des betrieblichen Rechnungswesens« zurückgelenkt werden, denn von dort ausgehend waren die eben besprochenen Beispiele abgeleitet worden. An zweiter Stelle seiner Aufzählung nennt er die Beschaffung von Unterlagen für die Betriebsüberwachung. Weil aber Sach- und Zeitaufwendungen die Grundlagen sind, mit denen man zum Geldaufwand und damit zur Kostenrechnung kommt, wird die Aufgabe der Betriebsüberwachung zum großen Teil eine Überwachung dieser Aufwendungen sein, wobei die

»... mengen- und zeitmäßigen, oft miteinander kombinierten Kennwerte nicht nur dem Techniker wertvolle Aufschlüsse geben: Sie sind für die Kritik des Betriebsgeschehens oft kennzeichnender als die Kosten.« [40/S. 78]

Ähnliche Überlegungen gelten für die anderen, von Kubli aufgeführten Punkte, so für die Bewertung der halbfertigen, fertigen oder noch in Fabrikation befindlichen Produkte und für die Feststellung der *Preisuntergrenze*.

Beim letzteren handelt es sich um die Kalkulation zu *Grenzkosten*, wie sie von Schmalenbach entwickelt wurde. Dabei wird von der Grundidee ausgegangen

worden sein, daß »... die Mehrkosten der Mehrerzeugung bei verschiedenen Ausnutzungsgraden grundsätzlich in ihrer Gesamtheit der Mehrerzeugung zu belasten sind« [30/S. 63]. Als Grenzkosten sind also die Kosten zu ermitteln, »... die durch die Fertigung der fraglichen Menge zusätzlich entstehen. Ein Auftrag ist danach also schon dann lohnend, wenn er einen Teil der fixen Kosten mitträgt« [55/S. 114]. Daß gerade bei dieser Art der Kalkulation, zu der man sich nur in einer gewissen Zwangslage entschließen wird, genaue Unterlagen über die Sach- und Zeitaufwendungen bei der Herstellung eines Erzeugnisses Voraussetzung sind, ist wohl ohne weiteres einleuchtend.
An weiteren, hier zu besprechenden Aufgaben des betrieblichen Rechnungswesens nennt Kubli die Bereitstellung von Unterlagen für die *Neuplanungen* und die Ermittlung des günstigsten Erzeugungsverfahrens. Planungen sind zukunftsgerichtet, stützen sich dabei aber auf Kenntnisse, die in der Vergangenheit gewonnen wurden. So können die der Vergangenheit entstammenden Unterlagen der Betriebskontrolle nach kritischer Sichtung und Aufbereitung einer Planung zugrunde gelegt werden. (Die Raumfläche je Konstrukteur oder der Flurflächenanteil an der Nutzfläche sind solche Richtwerte, die hier den Charakter einer vernünftigen Aufwandsbeschränkung haben, also dispositiver Natur sind.)
Die *Ermittlung des günstigsten Erzeugungsverfahrens* – als weitere Aufgabe – ist Sache eines Verfahrensvergleichs, bei dem die minimalen Herstellkosten je Erzeugniseinheit meist entscheidend sind, wobei man einmal von den dabei immer auftretenden sonstigen wirtschaftlichen Unwägbarkeiten absehen mag. Grundlage für diese Kostenermittlung sind aber die technisch-mengenmäßigen Aufschreibungen des Verbrauchs, die möglichst aufgegliedert sein sollen, um die Gemeinkostenzuschläge weitgehend zerlegen zu können.
Die bisher aufgeführten Anwendungsgebiete der technischen Kennzahlen und Richtwerte finden ihre sinnvolle Eingliederung in die *Plan- und Standardkostenrechnung;* sie sind sogar deren Grundlage. Man möchte – aufbauend auf die Vergangenheitsrechnung – eine Zukunfts- und Vorschaurechnung der Aufwendungen und Erträge aufstellen. Auch die Gemeinkosten sollen dazu in Abhängigkeit von der Betriebsleistung geplant und vorgegeben werden. Standardkosten sind dann – nach Gillespie, zitiert in [20/S. 5] – die

»... vorausermittelten Kosten von Betriebsleistungen, berechnet auf der Grundlage bestimmter Verbrauchsmengen und Preise sowie einer bestimmten Produktionshöhe.«

Bedeutungsvoll ist die Empfehlung [55/S. 33], daß bei der Planung der Kostenarten grundsätzlich

»... von einer *Mengenvorgabe* ausgegangen werden soll, die auch im Kostenplan erscheinen soll, um die Höhe der Vorgabewerte und ihre Zusammensetzung verständlich zu machen.«

Das stufenweise Vorgehen bei der Entwicklung der Plankosten sei durch das Beispiel eines Kostenplanes erläutert: [55/S. 35] (Abbildung, s. nächste Seite).

Besondere Aufmerksamkeit verdient die Spalte »E«, in der die technischen Maße und Mengeneinheiten aufgeführt sind, die durch Menge und Bewertung je Einheit

Plankostenrechnung (Kostenplan)
(Nach WILLE)

Firma		Kostenstellen-Bezeichnung	Nr.	Blatt
.... BA	Kostenplan 1951	Kleingesenkschmiede	332	I

Planbeschäftigung: Monatlich 6 400 Fertigungsstunden (= Bezugsgröße, Beschäftigungsgrad 100%) (2800 Hammerstunden)	Stellenleiter: Hammer Stellvertreter: Zange

Zeilen-Nr.	Kostenarten- Nr.	Benennung und Unterteilung	E	Menge	DM je E	DM gesamt	Plan-kosten	Var.
7	406/7	Fertigungslöhne Lohngruppe V	Std.	3 600	1,52	5 472		
		VI	Std.	2 400	1,67	4 008		
		VII	Std.	400	1,82	728	10 208	10
8	410–16	Zusatzlöhne (DM 0,01 je Fertigungsstd.)					64	10
9	420	Hilfslohn für Vorarbeiter für 2. Schicht..	Std.	100	2,18	218		
		Hilfslohn für Einrichter (Rüstzeiten)	Std.	400	1,67	668	886	5
13	424	Hilfslohn für Ofenanstecken und -reinigen	Std.	40	1,85		74	5
16	427	Hilfslohn für Reparaturen in eigener Werkstatt	Std.	56	1,98		111	7
19	430/I	Gehälter und Überstundengehälter (s. Gehaltsaufteilung)					460	2
20	440	Werkzeuge und Meßwerkzeuge (Aufgliederung s. Rückseite)					60	10
21	441	Öle und Schmierstoffe: Maschinenöl	kg	14	—,70	10		
		Staufferfett	kg	6	1,50	9	19	7
22	445	Schutzkleidung: Lederhandschuhe	Paar	15	4,20	63		
		Lederschürzen	Stck.	5	21,—	105		
		Reinigungsmittel: Putzlappen u. sonst. ..				32	200	9
23	446	Ersatzteile				70		
		Dichtungen				45		
		Glühbirnen und Sicherungen				25		
		Schamottesteine	Stck.	600	—,55	330		
		Schamottemehl	t	0,5	120,—	60	530	7
24	449	Sonstige Hilfsstoffe: Sägemehl	m^3	7	5,—		35	8
25	450–4	Innerbetriebliche Leistungen:						
		Gesenkwerkstatt..	Std.	1 000	4,20	4 200		
		Maschinenreparatur	Std.	350	3,30	1 155		
		Elektrowerkstatt......................	Std.	100	2,76	276		
		Rohrschlosserei.......................	Std.	40	2,70	108		
		Gesenkmaterial.......................				2 800		
		Nacharbeiten und sonstiges				561	9 100	9
27	465/6	Ausschuß (DM 0,15 je Fertigungsstunde)					960	10
29	480	Kalk. Abschreibungen.................					2 250	8
30	481	Kalk. Zinsen auf Anlagevermögen					875	0
32	483	Kalk. Sozialaufwendungen auf Lohn	DM	11 343	—,28		3 176	10
33	484	Kalk. Sozialaufwendungen auf Gehalt ...	DM	460	—,15		69	2
34	4852	Kalk. Stromkosten .... (Beleuchtung, Be- und Entlüftung)	kWh	900	0,07	63		5
	4853	Kalk. Preßluftkosten in tausend m^3		380	11,—	4 180		8
	4854	Kalk. Gaskosten in tausend m^3		120	67,—	8 040	12 283	7
35	4860	Kalk. Raumkosten	m^2	1 200	1,—		1 200	0
37	488	Kalk. Leistungsanteil fix				2 368		
		proportional	Std.	6 400	—,48	3 072	5 440	5, 6

Kostendeckung durch: Verrechn. Fertigungsstunden	Plankostensumme	48 000
Verteiler: FBL, Hw, Mstr. Hammer, BA, BA 2	Bezugsgröße (s. o.) Fertigungsstd.	6 400

Planung geprüft:	Tag	Name	Stellenleiter	Tag	Name	Plankostensatz	
	18. 12. 50	Müller	einverstanden	6. 1. 51	Hammer	DM/Fertigungsstunde	7,50

die Gesamtkosten zu errechnen gestatten. Zwar stehen hier zunächst nur die Bezugsgrößen (Einheiten) und Mengen; ihr sinnvolles Kombinieren kann dann aber Zusammenhänge aufzeigen, die für eine Kontrolle oder eine Planung, für eine Kalkulation oder für einen Betriebsvergleich sehr aufschlußreich sein können.
Durch die Trennung von Mengen- und Wertgrößen können die Änderungen an den Voraussetzungen solcher Standardkalkulation – wie die Änderung der Materialart und -menge (Stückliste), der Zeitvorgabe (Fertigungsplan), der Verrechnungspreise oder einzelner Plan-Fertigungskostensätze – leicht berücksichtigt werden.
Die Änderung der Beschäftigung und damit im allgemeinen auch der Produktionshöhe berücksichtigt man derart, daß man die Kostenarten nicht nur nach ihrem entweder proportionalen oder fixen Abhängigkeitsverhältnis unterteilt, sondern man beziffert den *Grad* der Proportionalität in sogenannten »Variatoren«. Diese sind in der letzten Spalte des Kostenplanes (unter »Var«) angegeben. Sie hätten – was hier zunächst ohne Begründung hingenommen sein mag – den Charakter von betriebswirtschaftlichen Richtwerten.
Trotz der Trennung des Mengengerüstes von den Bewertungsfragen ist bei der Plan- und Standardkostenrechnung die *Kontinuität* zwischen beiden gewahrt und damit einer Forderung für den sinnvollen »Ansatz« aller technischer Kennzahlen und Richtwerte entsprochen, nämlich stets den Gesichtspunkt der Wirtschaftlichkeit und damit den der späteren Umrechnung in die Kosten im Auge zu behalten.
Die auf der Basis bestimmter Kenngrößen gebildeten Meßzahlen können auch Grundlage für eine Prämierung sein, wobei man mit einigen wenigen treffenden Größen auskommen kann [25/S. 2]. Deren Zusammensetzung und deren Gewicht – bezüglich der Auswirkung auf die Prämienhöhe – kann im Laufe der Zeit geändert werden, um sich den veränderlichen Aufgaben des Betriebes anpassen zu können und durch eine wechselnde Schwerpunktbildung im Prämienreiz die Bestrebungen auf bestimmte Gebiete zu konzentrieren. Ein neuer Entwurf eines Manteltarifvertrages schreibt sogar vor, daß alle Prämienlohnarbeit grundsätzlich auf meßbare Produktionsgrößen (kg, t, m, m², o. ä.) aufzubauen ist [19/§ 6 Abs. 8].
Im Bereich der *Fertigung* können brauchbare Richtwerte einen wirtschaftlichen Werkzeug- und Maschineneinsatz sicherstellen, wenn man bei ihrer Auswahl alle Einflußgrößen auf die Wirtschaftlichkeit möglichst vollständig berücksichtigt und sie für die Verwendung in der *Arbeitsvorbereitung* möglichst zweckmäßig und einfach darstellt. Die auf solcher Grundlage gewonnenen – und durch Nachkalkulation kontrollierten – Gesamtangaben über die Erzeugnisse und Erzeugnisgruppen – besonders hinsichtlich der benötigten Maschinenstunden – lassen sich wieder zu Richtwerten verarbeiten, die nun der *Terminplanung* ein schnelles und sicheres Arbeiten gestatten.
Auf der Grundlage der technischen Richtwerte und Kennzahlen ist es auch möglich, einen *Erfahrungsaustausch* zu betreiben. Bei den Kostenvergleichen, wie sie Henzel durchführte, wird der Erfahrungsaustausch als die an den Vergleich anschließende Maßnahme empfohlen, um über eine Zerlegung des Kostenkomplexes mehr und mehr in die Einzelheiten zu gehen und so die Ursache der

Kostenunterschiede festzustellen [18/S. 30]. Diesen Einzelheiten steht die technische Kennzahl oder die zahlenmäßige technische Einzelangabe weitaus näher und führt damit schneller zu den Grundursachen und Kernproblemen und zu den Entscheidungen, die auf Grund der gewonnenen Erkenntnisse erforderlich sein können.

Auf die *psychologische Wirkung* der Kennzahlen macht schließlich BAIERL aufmerksam [2/S. 2], wobei er insbesondere an solche zur Errechnung der Arbeitsergiebigkeit denkt. Solche Kennzahlen

»... kommen dem Bedürfnis des Menschen nach Selbstkontrolle entgegen, denn sie veranschaulichen ihm seine Leistung. Das Selbstvertrauen wird angesprochen durch den Vergleich seiner Ergebnisse mit anderen oder seiner Leistung aus früheren Zeiten mit der heutigen. Stolz und Ehrgeiz werden sich in erhöhter Leistung bemerkbar machen.«

Mit diesem letzten Gesichtspunkt mag die Einführung in die Bedeutung und die Anwendungsgebiete der Kennzahlen abgeschlossen sein. Wenn es nun nötig ist, die verschieden benannten Größen des Mengengerüsts unter dem Gesichtspunkt der *Wirtschaftlichkeit* zu beurteilen, dann ist ihre *Bewertung* notwendig, womit sie über die Kosten addierbar und vergleichbar gemacht werden. Die Kosten sind also in der Lage, die Mengengrößen gewissermaßen zu substituieren oder zu repräsentieren. Man darf die Kosten auch als ein gewichtendes Äquivalent der Mengengrößen auffassen. Damit ist ihre Bedeutung keineswegs gemindert. Die Trennung von den Mengengrößen gestattet aber nicht, nur die Veränderungen auf jeder Seite gesondert für sich zu verfolgen, sondern sie darf in der Fertigung auch als eine Trennung der wert- und preismäßigen Einflußgrößen von solchen technologisch-organisatorisch-verfahrensmäßiger Natur angesehen werden.

1.2 Systematik und Gliederung der Kennzahlen

Geht man einmal von der Sinngebung des Wortes »Richtwert« aus, so erhält die zweite Silbe die Aussage, daß irgendeine Größe eine bestimmte, bewertete Absoluthöhe hat, und die erste Silbe besagt dann, daß man sich nach ihr ausrichten könne, sich also zunächst an ihr vergleichen und dann gegebenenfalls sie zu erreichen trachten könne. So sind in der Begriffsbildung schon einige wesentliche Gesichtspunkte enthalten, die in allen ähnlichen Begriffen wie Sollzahlen, Kennzahlen, Standards und anderen in verschieden starker Sinnbetonung enthalten sind. Es sind:

die Absoluthöhe und deren Dimension,
die Bewertung und
das Vergleichsmoment,

von denen der erste, nämlich die Absoluthöhe und deren Dimension, ohne Zweifel das wesentliche Charakteristikum ist.

Der zweite Gesichtspunkt – die Bewertung – erhält seine Bedeutung dadurch, daß durch Auswahl und Bewertungsvorgänge die Kennzahl so repräsentativ gemacht werden soll, daß sie für Vergleichszwecke herangezogen werden kann, womit dann der dritte Gesichtspunkt – das Vergleichsmoment – in Erscheinung tritt. Dabei muß hinzugefügt werden, daß auch die Bewertung sich verständlicherweise schon vergleichender Methoden bedient, die allerdings in die Vergangenheit gerichtet sind, während der Richtwert *nach* der Festsetzung einen in die Zukunft weisenden Charakter erhält.

Die Frage nach der Art der Zahlen und danach, wie sie zweckmäßig in Beziehung zu setzen und zu dimensionieren sind, soll Gegenstand dieses Abschnittes sein.

Für den durch das Thema der Arbeit umschriebenen Bereich, also für die technischen Fertigungsrichtwerte, ist eine Systematik bisher nicht entwickelt, jedoch ergibt sich durch die bereits formulierte Forderung nach der Kontinuität der technischen Kennzahlen zu denen betriebswirtschaftlicher Natur von selbst, daß viele Merkmale und Überlegungen an betriebswirtschaftlichen Kennzahlen auf die technischen übertragbar sind, zumal ihre unbedingte Trennung voneinander manchmal nur mit Willkür erfolgen könnte, denn wirtschaftliche Gesichtspunkte sind bei beiden maßgebend oder sollten es sein.

Das Arbeiten mit betriebswirtschaftlichen Kennzahlen ist zwar nicht ausschließliche Aufgabe der Betriebsstatistik, aber dennoch vermag die Betriebsstatistik zur Systematik der Zahlen allgemein verbindliche Aussagen zu machen. Diese Aussagen gelten auch für alle technischen Kennzahlen, weil sie sich auf die neutralen, noch nicht auf einen Bereich bezogenen, »überwirtschaftlichen« Eigenschaften der Zahlen beziehen.

Lehmann [27/S. 19] gibt die methodische Grundeinteilung der zur Verarbeitung kommenden Zahlen in folgender Aufstellung:

Methodische Grundeinteilung der Zahlen
(Nach Lehmann)

Absolute Zahlen	Relativzahlen
1. Grundzahlen	———
———	4. Gefügezahlen
2. Spannen	5. Gütezahlen
3. Soll-Ist-Differenzen	6. Soll-Ist-Quotienten (Grade)

Diese Aufstellung bedarf einiger Erläuterungen: Die erste Zeile in dem Feld der Relativzahlen und die zweite in dem der absoluten Zahlen sind frei geblieben, weil in gewissen Fällen die ... »Relativzahlen als rechnerische Modifikationen der absoluten Zahlen« [27/S. 84] aufgefaßt werden dürfen, die Grundzahlen aber im Bereich der Relativzahlen und die Gefügezahlen im Bereich der absoluten Zahlen keine Entsprechung haben.

Zu 1.: Die Grundzahlen fallen als erste Ergebnisse und als Uraufschreibung an, die übrigen Zahlen sind davon abgeleitet. Während die Ableitung und Verarbeitung des einmal vorhandenen Zahlenmaterials unter methodischen Gesichtspunkten stattfindet, ist für die Ermittlung der Grundzahlen eine sachliche Korrektheit und Genauigkeit besonders wichtig. Sind Umwege erforderlich, um zu den Grundzahlen zu kommen – so beispielsweise bei fehlenden Aufschreibungen über verbrauchte *Mengen*, wo man über die *Kosten* der eingegangenen Mengen einen Rückschluß auf die verbrauchten Mengen zu ziehen versucht – dann ist genau zu überlegen, wieweit solche Repräsentations-Verfahren wirklich noch aussagefähiges Zahlenmaterial liefern.

Zu 2.: Spannen sind Differenzen von Grundzahlen

Zu 3.: Die Soll-Ist-Differenz ist eine methodische Verfeinerung der Spannen, indem zwischen einer vorhandenen, einen Istzustand kennzeichnenden Grundzahl (oder auch einer Spanne!) die Differenz gebildet wird zu einer als Richtzahl gültigen Grundzahl (oder Spanne!).

Zu 4.: Ein Beispiel für die Gefügezahlen war im Vorwort bereits als »Prozentbilanz« aufgeführt worden. Da die Bilanzsumme jedes Jahres dabei gleich 100 gesetzt wird, gibt eine solche Darstellung nur Aufschluß über die Struktur oder Gliederung oder Zusammensetzung eines begrifflichen Ganzen; Änderungen im Gefüge zeigen vorwiegend nur ein »anders als« an, weshalb auch der Aussagewert von LEHMANN als beschränkt angesehen wird [27/S. 150]. Das »besser als« oder »schlechter als« mag auch in den Gefügezahlen angedeutet sein, aber doch in einer gegenüber den Gütezahlen stärker verschlüsselten und der Interpretation bedürftigen Form.

Zu 5.: Die Gütezahlen, als Relativzahlen, sind Beziehungen von Grundzahlen untereinander. Die Fülle von Möglichkeiten ist dabei nahezu unendlich groß, sie erfährt aber Einschränkungen, da einmal als Voraussetzung die in Beziehung gebrachten Größen überhaupt eine *Abhängigkeit* voneinander haben müssen, und da ferner die Wahrscheinlichkeit gegeben sein muß, durch ihre Ermittlung zu fruchtbaren Erkenntnissen zu gelangen. Gütezahlen, wie

Investitionen je Erzeugniseinheit
(gewissermaßen spezifische Investierung [27/S. 103])

oder

Kosten je Leistungseinheit,
Ausbringung je Kopf und Schicht,
zerspantes Volumen je Zeiteinheit,

erhalten dann jene Richtungseigenschaft im Sinne eines »besser als« oder »schlechter als«, die sie gegenüber den Gliederungszahlen wertvoller machen. Solche Richtungseigenschaften besitzen auch die Spannengrößen, während LEHMANN den Grundzahlen und Gefügezahlen ungerichtete »neutrale« Zahleneigenschaften zuspricht [27/S. 27].

Die Gütezahlen sind das Zahlenfeld, das von mehreren Autoren als das eigentliche und zum Teil ausschließliche Gebiet der Kennzahlen oder Kennziffern oder Branchenstandards angesehen wird. Das mag seine Begründung in der eben besprochenen Richtungseigenschaft der Gütezahlen finden, zusammen mit dem Umstand, daß durch eine Relativierung die Unterschiede in der Absolutgröße ausgeglichen werden, was oft die Vergleichbarkeit erst möglich macht. Die Gefügezahlen und Indexzahlen sind demgegenüber schon wieder zu weit »verarbeitet«, und ihre gedankliche Entfernung von den Grundzahlen – auf die es im Einzelfalle ankommen kann – ist so groß, daß die Gütezahlen gerade die richtige Ausgewogenheit hinsichtlich der notwendigen Abstraktion für die Zwecke der Vergleichbarkeit und hinsichtlich eines genügenden Aussagewertes mit dem Charakter eines Güteurteils haben.

Zu 6.: (Soll-Ist-Quotienten). Wenn Soll- und Ist-Zahlen in Beziehung gesetzt werden, so muß das hier in weitestem Sinne verstanden werden. Es kann sich dabei sowohl um Grundzahlen, wie Spannen, wie auch Gefüge- oder Gütezahlen handeln, aus denen die Quotienten gebildet werden. Da es darum geht, eine Zahl an einer anderen zu messen, »... tritt die zu messende Zahl in den Zähler, die als Maß dienende Zahl in den Nenner« [44/S. 225]. Die Bezeichnung Soll-Ist-Vergleiche ist deshalb nicht korrekt, sondern es hieße besser Ist-Soll-Vergleiche. In gewissem Sinne besteht bei solchen Quotienten eine Verwandtschaft mit den technischen Wirkungsgraden, aber in umfassenderem Sinne, denn

»... der Charakter der ‚Soll-Wirkung' kann ein anderer sein als beim technischen Wirkungsgrad; zum Beispiel ein statistischer Basiswert, wie er bei der Berechnung von Indexzahlen gebraucht wird« [27/S. 89].

Es ist auch oft nicht möglich, den Wert im Nenner so zu wählen, daß der Gesamtwert des Quotienten stets kleiner als 1 (100%) bleibt, was bei den technischen Wirkungsgraden stets der Fall ist. Das »Soll« im Nenner braucht also nur den Charakter einer Maßbezugsgröße zu haben, und die Bezeichnung »Soll-Ist« ist zweckmäßig als eine Kurzbezeichnung aufzufassen. Jedenfalls sind die Soll-Ist-Quotienten dimensionslos – also unbenannt – wie die technischen Wirkungsgrade, weshalb sich bei diesen Quotienten alle Formen der »Grade« unter den Kennzahlen wiederfinden.
Damit möge die Erläuterung der LEHMANNschen Einteilung der vorkommenden Zahlenarten abgeschlossen sein. Solche Einteilungen werden von mehreren Autoren gegeben, die von LEHMANN wurde aber als die gründlichste und am klarsten systematisierende befunden und mag deshalb für die weiteren Erörterungen als Grundlage dienen. Es soll aber in einer Zusammenstellung versucht werden, die vorkommenden ähnlichen Begriffe und Begriffsüberschneidungen darzustellen.

Dazu sind zuvor zwei Ergänzungen nötig:

1. Die Kennzahlen können zeitpunktbezogen (wie die Bilanz) oder zeitspannenbezogen (wie die Gewinn- und Verlustrechnung) sein. Die ersteren geben daher Aufschluß über einen Zustand, sind also statisch; die zweiten geben Aufschluß über Veränderungen und werden deshalb als dynamisch bezeichnet. Natürlicherweise spielt bei den zweiten die *Zeit* auch stets in irgendeiner Form eine Rolle.
2. Die vorkommenden Zahlenarten können mit Dimension oder dimensionslos auftreten, also benannt oder unbenannt sein.

Die Kombination dieser beiden möglichen Gesichtspunkte mit den aufgeführten Zahlenarten ist in der folgenden Tafel [27/S. 21] dargestellt, die die sinnvoll vorkommenden Fälle durch ein Kreuz (×) kennzeichnet:

Möglichkeiten der Kombination der verschiedenen Arten von überwirtschaftlichen Zahleneigenschaften
(Nach LEHMANN)

Zahlenarten	Statistische Größen	Dynamische Größen	Benannte Zahlen	Unbenannte Zahlen
Absolute Zahlen:				
Grundzahlen	×	×	×	
Spannen	×	×	×	
Soll-Ist-Differenzen	×	×	×	
Relativzahlen:				
Gefügezahlen	×		×	×
Gütezahlen	×	×	×	×
Grade	×			×

Mit dieser Tafel sind die Voraussetzungen geschaffen, an einer Zusammenstellung alle den aufgeführten Zahlenarten verwandten Begriffe und Begriffsüberschneidungen darzustellen und damit vielleicht zu einer besseren Orientierung innerhalb der Nomenklatur der Kennzahlen beizutragen (s. nächste Seite).
Mit der bisher erfolgten Zergliederung der Zahlenarten ist es noch nicht möglich, die genauen Bereiche und Sinninhalte der Begriffe, wie

Kennzahlen,
Kennziffern,
Richtwerte,
Standards usw.,

zu geben, denn die noch offenstehenden Fragen der Bewertung und Gewichtung werden erst Gegenstand des nächsten Abschnittes sein. Zur Einordnung dieser Begriffe in den Bereich der Zahlenarten kann jetzt jedoch schon folgendes gesagt werden:

Die Kennzahlen als nur zu den Relativzahlen oder gar nur zu den Gütezahlen gehörend einzuordnen, scheint für technische Kennzahlen nicht berechtigt, da durchaus einfache Grundzahlen vorstellbar sind, die für bestimmte Vergleichszwecke hinreichenden Aussagewert über eine Betriebseigenheit haben; besonders dann, wenn eine Isolierungsbedürftigkeit – wie der Ausgleich von Größenunterschieden oder Standortverschiedenheiten – nicht vorliegt. Das stimmt überein mit der von RUMMEL [38/S. 52ff.] vertretenen Ansicht, daß *alle* vergleichbaren Ziffern als Kennzahlen auftreten können.

Durch die den Zahlen beigegebenen Maßeinheiten oder Mengenbenennungen erhält der gesamte Ausdruck seine Zuordnung zu irgendeinem gedanklichen Bereich, der für den hier verfolgten Zweck der technisch-wirtschaftlichen Kennzahlen den Ausdruck auch mit wirtschaftlichen Eigenschaften ausstattet. Bei stärkster gedanklicher Abstraktion lassen sich nach LEHMANN für das Wirtschaftsleben vier Arten von Zahlengrößen unterscheiden [27/S. 23]:

1. Mengengrößen,
2. Wertgrößen; einschließlich Preise,
3. Zeitgrößen von spezifisch wirtschaftlicher Bedeutung und
4. Kennziffern als wirtschaftlich bedeutsame Relativzahlen.

Für eine klare Systematisierung erscheint es jedoch besser, nur die ersten drei Zahlengrößen gelten zu lassen, weil deren Maßeinheiten das Typische der technisch-wirtschaftlichen Kennzahlen ausmachen und deren »Gesicht« bestimmen. Die Bildung von Kennziffern durch In-Beziehung-Setzen dieser Zahlengrößen erfolgt zwar unter Wirtschaftlichkeits-Gesichtspunkten, der Vorgang selbst aber gehört zu den noch nicht bereichsbezogenen, »überwirtschaftlichen« Zahlenmanipulationen.
Zu den Mengengrößen müßte man auch die durch Längen- und Gewichtsmaße bezeichneten und auch beispielsweise die elektrischen Mengenangaben in Kilowattstunden (kWh) rechnen.

Zusammenstellung der für die Kennzahlen- und Richtwertbildung zur Verarbeitung kommenden Zahlenarten

	Methodische Grundeinteilung nach Lehmann	Andere Bezeichnungen (Verwandte Begriffe und Begriffsüberschneidungen)
Absolute Zahlen		Grundzahlen } Einzelzahl, Ausgangszahl
Gliederung der absoluten Zahlen	Grundzahlen	Uraufschreibungen absolute Zahlen } Einzelzahl, Ausgangszahl
	Spannen	Differenzen Unterschiede Veränderungen
	Soll-Ist-Differenzen	Unterschiede
Relativzahlen		Beziehungszahlen, Verhältniszahlen (von einigen Autoren als das ausschließliche Gebiet der Kennzahlen und Kennziffern angesehen)
Gliederung der Relativzahlen	Gefügezahlen	Gliederungszahlen, Strukturzahlen Quoten prozentuale Zusammensetzungen
	Gütezahlen	Beziehungszahlen, Standards
	Grade (Soll-Ist-Quotienten)	$= \frac{\text{Ist}}{\text{Soll}} = \frac{\text{Beurteilungsgegenstand}}{\text{Beurteilungsmaßgröße}}$ Kenngrade unbenannte Beziehungszahlen Faktoren $= \frac{\text{Grad (\%)}}{100}$ hierunter fallen auch die Indexzahlen (= Meßzahlen, Meßziffern)

Bei den Zeiten ist eine gedankliche Unterscheidung zwischen der Kalenderzeit und der Nutzungszeit, die mehr eine betriebliche, rechnerische Größe ist, sehr nützlich:

Die *Kalenderzeit* läuft gewissermaßen unabänderlich, kontinuierlich ab, und mit ihr zum Beispiel auch die technische Veralterung, die einen Teil der Maschinenabschreibungen mitbestimmen kann. Kalenderzeitabhängig sind auch die sogenannten fixen Kosten.

Die *Nutzungszeit*, wie sie als Arbeitszeit oder in den Maschinenstunden erscheint, ist eine Art intermittierender Zeitverbrauch, der nur für die Dauer der Nutzung auftritt. Vorgabe-Minuten sind fiktive Nutzungszeiten; nur so kann das Phänomen der Verrechnung von 75 Akkordminuten in der Stunde unter diesem systematisierenden Gesichtspunkt gedeutet werden. Dabei ist die (Anwesenheits-) Stunde die Nutzungszeit menschlicher Arbeitskraft. Kühl- und Schmiermittelverbrauch an Maschinen, Abschreibung für Verschleiß sind proportional den Nutzungszeiten.

Bisher war von allgemein wirtschaftlichen Zahleneigenschaften die Rede, denen für die Zwecke der Betriebsführung zwei Denkrichtungen gegenübergestellt werden können [27/S. 25 und 78]:

a) Das Denken in den Notwendigkeiten der Bedarfsdeckung, also die Rücksicht, für ausreichende Reserven (= Deckung ./. Bedarf) zu sorgen und damit die Auskömmlichkeit (= Deckung : Bedarf) sicherzustellen. Diese Denkrichtung ist etwa im Finanzbereich und im Lagerwesen anzutreffen.
b) Das Denken im Sinne des Ökonomischen Prinzips mit dem Ziel hoher Wirtschaftlichkeit der Produktion. Hier treten Begriffe wie Aufwand, Kosten, Leistungen oder Erträge auf. Ihre Verarbeitung als Differenz führt auf den »Erfolg«, denn

   Erfolg = Ertrag ·/. Aufwand

   Ihre Verarbeitung als Quotient führt auf die Wirtschaftlichkeit, denn

   Wirtschaftlichkeit ist das *Verhältnis* von
   Leistung (Ergebnis) zum Aufwand.

Die übersichtliche Zusammenstellung der Kombination dieser beiden Denkrichtungen mit den Zahlenarten zeigt die folgende Tafel [27/S. 26]:

Denkrichtungsorientierte Zahlenarten
(Nach Lehmann)

Denkrichtungen / Zahlenarten	Ökonomisches Prinzip	Bedarfsdeckungsnotwendigkeit
1. Grundzahlen	Aufwendungen, Kosten: Leistungen, Erträge	Bedarfe: Deckungen
2. Spannen	Erfolge (+ oder ·/.)	Reserven (+ oder ·/.)
4. Gefügezahlen	Gefüge von Aufwendungen (Kosten) und Leistungen (Erträgen)	Gefüge von Bedarf und Deckung
5. Gütezahlen	Wirtschaftlichkeiten	Auskömmlichkeiten

In der Betriebswirtschaft steht das Denken im Sinne des Ökonomischen Prinzips im Vordergrund. Es rangiert hier seiner Bedeutung nach vor dem Denken in Auskömmlichkeiten, da zu hohe Reserven in Form von Kapital, Personal oder Lagerbeständen auch Einfluß auf die Wirtschaftlichkeit des Gesamtbetriebes haben.

In der Volkswirtschaft und Hauswirtschaft hingegen denkt man vorzugsweise in Bedarfsdeckungs-Notwendigkeiten, obgleich in neuerer Zeit in der Volkswirtschaft das Messen der Produktivität mit der Blickrichtung der Wirtschaftlichkeit enge Verwandtschaft hat.

Die bisher erarbeiteten Unterteilungs- und Systematisierungsgesichtspunkte als Grundlage für die Bildung von Kennzahlen seien vor den nächsten Schritten – nämlich der Anwendung auf betriebliche Bereicherung – noch einmal zusammengefaßt:

Ausgehend von den möglichen vorkommenden Zahlenarten und ihrem Auftreten als statische oder dynamische Größen sowie als benannte oder unbenannte Zahlen, wurde festgestellt, daß diese Größen ihre wirtschaftlichen Eigenschaften durch das Messen in Einheiten von

Mengen,
Werten und
Zeiten

erhalten. Es wurde begründet, warum innerhalb der Zeiten eine Unterscheidung zwischen der (kontinuierlichen) Kalenderzeit und einer (intermittierenden) Nutzungszeit zweckmäßig sei. Als Übergang auf das Gebiet spezieller betriebswirtschaftlicher Kennzahlen fanden schließlich die zwei großen Denkrichtungen innerhalb der Wirtschaft ihre Erläuterung.

Alle diese Gliederungsgesichtspunkte und Gegensätzlichkeiten erhalten ihre Bedeutung dadurch, daß sie den Aufbau und »Charakter« einer Kennzahl bestimmen können, oder daß sie bei einer vorliegenden Kennzahl gestatten, auf Art und Ziel der ursprünglichen Fragestellung rückwirkend zu schließen. Viele Autoren legen jedoch auf eine Systematisierung in der eben durchgeführten Weise keinen Wert und finden, daß »... wichtiger als diese formelle Differenzierung eine materielle Betrachtung der Kennzahlen ist« [46/S. 566].

Das Wort »materielle Betrachtung« kann nicht anders gedeutet werden als die reale Frage danach, welche Kennzahlen nun bedeutungsvoll sind und aufschlußreiche und zuverlässige Erkenntnisse versprechen. Die Größe des Untersuchungsfeldes und seine Vielfalt scheint zunächst den Zugang zu verwehren, hier durch charakteristische Zahlengrößen sichere Urteilsgrundlagen zu erhalten. So bemerkt SCHOTT [46/S. 566]:

»Es wäre ein müßiges Unterfangen, eine möglichst vollständige Aufstellung von praktisch ins Gewicht fallenden Kennzahlen geben zu wollen. Die Vielfalt der Fertigungsverfahren, Einflußfaktoren und Abhängigkeitsmomente technischer und wirtschaftlicher Art in den einzelnen Wirtschaftszweigen ist hierfür zu groß. Gleichwohl gibt es einige Grundaussagen, die von der Individualität der Branchen und Betriebe einigermaßen unabhängig sind.«

Schott wählt dann für seinen Versuch einer Systematisierung die folgende Gliederung [46/S. 566]:

A) Kennzahlen der Betriebsstruktur
   1. Vermögen und Kapital
   2. Belegschaft
   3. Organisation

B) Kennzahlen der Betriebsgebarung
   4. Produktivität
   5. Rentabilität
   6. Wirtschaftlichkeit

Die bisherigen Gliederungsgesichtspunkte der »überwirtschaftlichen« Zahleneigenschaften lassen aus dieser Aufstellung erkennen, daß die ersten drei Kennzahlen zeitpunktbezogen – also statischer Natur – sind, während die letzten drei Kennzahlen zeitspannenbezogen – also dynamischer Natur – sind.
Das Wort »Struktur« sagt ferner, daß es sich – nach der gewählten Nomenklatur – um Gefügezahlen handeln wird.

Zu 1.: Zur *Bedeutung* der strukturellen Betrachtung von Vermögens- und Kapitalverhältnissen in Form von Kennzahlen sagt Schott [46/S. 567], daß sie

»... im Vergleich verschiedener Wirtschaftszweige eine gewisse volkswirtschaftliche Bedeutung haben kann. Darüber hinaus ist sie bei jeder Bilanzanalyse von Belang, sei es im Zusammenhang mit Beteiligungsfragen, Finanzierungen, Kreditgewährung oder einer von der einzelnen Unternehmung aus betriebenen laufenden Verfolgung der zeitlichen Strukturveränderung.«

Die in der Tabelle gebildeten Kennzahlen charakterisieren im ersten Teil (Nr. 1–7) die Stabilität, im zweiten Teil (Nr. 10–15) die Liquidität des Unternehmens [46/S. 567] (s. Seite 28).
Wie schon früher angedeutet worden war, zeigt sich hier im finanzwirtschaftlichen Bereich, daß es sich bei den Zahlen durchweg um ein Denken in Auskömmlichkeiten handelt. Die Liquidität stellt sich so als eine Auskömmlichkeit der eigenen greifbaren Mittel zu den kurzfristigen Verbindlichkeiten heraus.

Zu 2.: In Anlehnung an die Grundgliederung der volkswirtschaftlichen Produktionsfaktoren wird von Schott [46/S. 568] der Faktor Arbeit und damit die Personalstruktur als nächstes durch Gefügezahlen untersucht; ein Vorgehen, das auch in der REFA-Lehre als Vorarbeit zu jeder Arbeitsstudie [33/S. 133] empfohlen wird. Als Maßbezugsgröße dient entweder die Gesamtbelegschaft, die Arbeiterzahl oder die Angestelltenzahl, deren jeweilige Struktur dann nach Alter, Geschlecht, Ausbildung, Abteilungszugehörigkeit und Einkommenshöhe der Personen aufgegliedert wird. Diese Gefügezahlen bieten für die vorliegende Themastellung nicht Spezielles genug, weshalb die Wiedergabe einer Tabelle unterbleiben mag.

Die Aufstellung über die zu bildenden Kennzahlen sieht dann folgendermaßen aus [46/S. 567]:

Kennzahlen von Vermögen und Kapital
(Nach SCHOTT)

Nr.	Vermögen und Kapital a	b	Kennzahlen a : b
1	Anlagevermögen	Gesamtvermögen	%
2	Umlaufvermögen	Gesamtvermögen	%
3	Eigenkapital	Gesamtkapital	%
4	Fremdkapital	Gesamtkapital	%
5	Anlagevermögen	Eigenkapital	1 : ×
6	Anlagevermögen	Eigenkapital und langfristiges Fremdkapital	1 : ×
7	Eventualverbindlichkeiten	Gesamtkapital	%
8			
9			
10	Umlaufvermögen	Fremdkapital	1 : ×
11	Umlaufvermögen	kurzfristiges Fremdkapital	1 : ×
12	Fertigwarenbestand	Verbindlichkeiten	1 : ×
13	Forderungen	Verbindlichkeiten	1 : ×
14	sofort greifbare Mittel	kurzfristiges Fremdkapital	1 : ×
15	sofort greifbare Mittel	kurzfristiges Fremdkapital mit bestimmter Fälligkeit	1 : ×
16			
17			
18			
19			

Zu 3.: Der Versuch, die Güte der Organisation, die sowohl im Produktionsbereich als auch in der Verwaltung und im Vertrieb wirkt, in Kennzahlen darzustellen, verdient besondere Beachtung, weil hier ganz spezielle Überlegungen notwendig sind, um organisatorische Zusammenhänge von Vorgängen oder Zuständen anderen Ursprungs gedanklich zu isolieren und dann sinnvolle Beziehungen und Abhängigkeiten aufzufinden. SCHOTT gibt das Kennzahlenschema in folgender Form [46/S. 569] (s. nächste Seite).
(Die links zusätzlich aufgeführten Bezeichnungen mögen zur Erläuterung der jeweils untersuchten Bereiche dienen.)
Die gebildeten Beziehungen sind nicht mehr nur Gefügezahlen, sondern es treten auch Gütezahlen auf; außerdem sind nicht alle Zahlen statischer Natur, sondern es finden sich auch dynamische; beispielsweise Nr. 14: Der Absatz je Zahl der Abnehmer. Die Kennzahlen Nr. 19–24 entstehen durch Division von dynamischen Größen und erhalten dadurch wieder statische Eigenschaften [27/S. 20].

Kennzahlen der Organisation
(Nach SCHOTT)

	Organisation			Kennzahlen
	Nr.	a	b	a : b
Raumausnutzung; Transport	1	Betrieblich genutzte Grundfläche	vorhandene Grundfläche	%
	2	Produktionskapazität	betriebliche Raumfläche	E/100 m²
	3	Arbeiterzahl	betriebliche Raumfläche	Kopf/m²
	4	Arbeiterzahl	umbauter Raum der Betriebsabteilungen	Kopf/cbm
	5	Streckenlänge	Produktionsmenge	m/E*
Personalstruktur	6	Zahl der Angestellten: Betrieb	Belegschaft	%
	7	Zahl der Angestellten: Verwaltung	Belegschaft	%
	8	Zahl der Angestellten: Vertrieb	Belegschaft	%
Vertrieb	9	Umsatz	Zahl der Aufträge	DM/Auftrag
	10	Umsatz	Zahl der Vertreter	DM/Vertreter
	11	Vertreterumsatz	Zahl der Vertreter	DM/Vertreter
Kapazitätsausnutzung u. Transport	12	Kapazität einzelner Abteilungen	Kapazität des engsten Querschnitts	%
	13	Durchlaufweg der Fertigung	Kapazität	m/E
Vertrieb	14	Absatz	Zahl der Abnehmer	DM/Abnehmer
	15	Zahl der Einzelhändler	Zahl der Abnehmer	%
	16	Zahl der Großhändler	Zahl der Abnehmer	%
	17	Zahl der Versandgeschäfte	Zahl der Abnehmer	%
	18	Zahl der Direktverbraucher	Zahl der Abnehmer	%
	19	Inlandsabsatz	Absatz	%
	20	Auslandsabsatz	Absatz	%
	21	Absatz an Einzelhandel	Absatz	%
	22	Absatz an Großhandel	Absatz	%
	23	Absatz an Versandhandel	Absatz	%
	24	Absatz an Direktverbraucher	Absatz	%
	25			
	26			
	27			
	28			
	28			
	29			

* E = Einheit

Zu 4.: Unter Produktivität versteht SCHOTT »... der vorherrschenden Auffassung gemäß technische und auf Mengeneinheiten beschränkte Relationen« [46/S. 570]. Diese Definition kann nach neueren Untersuchungen [3] nicht mehr aufrecht erhalten werden, denn die Verwendung von technischen Einheiten und Mengeneinheiten ist zwar eine notwendige, aber nicht hinreichende Bedingung; es muß hinzukommen, daß es sich – gedrängt und allgemein formuliert – stets um das Verhältnis von Ausbringung zu Einsatz (oder des Ergebnisses zum Aufwand) handelt. Bei der sogenannten Arbeitsproduktivität gelten als Maß für den Einsatz die Arbeitsstunden. So sind in der folgenden Tabelle [46/S. 570] eigentlich nur die Kennzahlen Nr. 1–4 echte Produktivitätskennzahlen; allenfalls noch Nr. 5, worin die Nutzfläche als »Einsatz« an Bodenfläche betrachtet werden könnte.

Kennzahlen der Produktivität
(Nach SCHOTT)

	Produktivität		Kennzahlen
Nr.	a	b	a : b
1	Produktionsmenge	Arbeiterzahl	E/Kopf
2	Produktionsmenge	Arbeitsstunden[1]	E/Std.
3	Produktionsmenge	Arbeiterstunden[2]	E/Std.
4	Produktionsmenge	geleistete Arbeiterstunden[3]	E/Std.
5	Produktionsmenge	Nutzfläche	E/m^2
6	Produktionsmenge	Produktionsweg	E/m
7	Produktionsmenge	Kapazität	%
8	Produktionsmenge	Typenzahl	E/Type
9			
10	Ausfallmenge	Produktionsmenge	%
11	Arbeitsstunden	Produktionsmenge	Std./E
12	Arbeiterstunden	Produktionsmenge	Std./E
13	geleistete Arbeiterstunden	Produktionsmenge	Std./E
14	Zahl der Arbeiter	Kapazität	Personen/E
15	Zahl der Arbeiter	Produktionsmenge	Personen/E
16	Zahl der Arbeiter	Produktionswert	Personen/ 1000 DM
17	Zahl der Arbeiter	Umsatz	Personen/ 1000 DM
18	Zahl der Arbeiter	Nutzfläche	Personen/ 100 m^2
19			
20	Ausbringung	Einsatz	%
21	Ausfallstunden	Gesamtstunden der Arbeiter	%
22			
23			
24			

[1] Auf die Belegschaft bezogen. [2] Auf die Arbeiter bezogen. [3] Ohne Ausfallstunden.

Durch die bei SCHOTT nicht scharf genug abgegrenzte Definition des Produktivitätsbegriffs sind im zweiten Feld der Tabelle viele Kennzahlen enthalten, die nur die reziproken der des ersten Feldes sind. Für die Betrachtung der technisch-mengenmäßigen Kennzahlen läßt sich an dieser einfachen rechnerischen Umstellung eine Wandlung des Sinninhaltes der Kennzahl aufzeigen. Verglichen seien die Kennzahlen Nr. 2 und Nr. 11. Die Kennzahl Nr. 2 mißt die Leistung (Ausbringung) im Verhältnis zum Einsatz – der im Nenner auftritt; sie ist deshalb einsatzorientiert. Die Kennzahl Nr. 11 ist objektbezogen und mißt den Aufwand für die Einheit der erstellten Leistung; sie ist deshalb leistungsorientiert.

Zu 5.: Die Rentabilität, als Gegenüberstellung von Gewinn und Kapital bzw. Gewinn und Umsatz [46/S. 570] wird dargestellt in unbenannten dynamischen Gütezahlen. Mehrere Verhältniszahlen sind hier möglich, weil es unterschiedliche Gewinn- und Kapitalbegriffe gibt; für den Zweck der vorliegenden Arbeit ist jedoch deren Aufzählung wie auch die Darstellung der zu bildenden Kennzahlen nicht erforderlich.

Zu 6.: Die Wirtschaftlichkeit und ihre Kennzahlen sieht SCHOTT nicht in strenger Ausrichtung auf deren Definition als das Verhältnis von Ertrag zu Kosten – was auch ein Verhältnis von Ergebnis zu Aufwand ist –, sondern die gedankliche Grundhaltung beim Aufstellen der Kennzahlen der folgenden Tabelle [46/S. 572] scheint am besten so interpretiert, daß hier versucht worden ist, die wichtigsten Einflußgrößen auf eine günstige Gestaltung dieses Verhältnisses zu erfassen.

Damit möge der Versuch von SCHOTT, zu einer Gliederung der Kennzahlen zu kommen, hinreichend erläutert sein. Ihm sei nun ein zweiter Versuch von SCHULZ-MEHRIN [48] gegenübergestellt, der eine andere Grundkonzeption hat. Durch eine langjährige Erfahrung im Betriebsvergleich (insbesondere im betriebswirtschaftlichen Kostenvergleich) und der Betriebsberatung und -begutachtung überwiegt bei ihm das Denken im Sinne des ökonomischen Prinzips; als Kennzahlen werden vor allem die Gütezahlen (Wirtschaftlichkeiten) angesehen, von denen für die Grundeinteilung *nur* dynamische – also zeitspannenbezogene, eine Entwicklung anzeigende – Größen herangezogen werden:

Produktivität,
Wirtschaftlichkeit und
Rentabilität.

Diese Einteilung entspricht zwar dem zweiten Teil der Gliederung von SCHOTT (Kennzahlen der Betriebsgebarung), aber SCHULZ-MEHRIN läßt diese Größen in einer übergeordneten begrifflichen Zweiteilung aufgehen, die dann zu anderen Konsequenzen in der Systematik führt: Er unterscheidet nämlich zwischen einer technisch-mengenmäßigen und einer wirtschaftlich-wertmäßigen Betrachtungsweise des Vorgangs der industriellen Produktion.

»... In dem einen Falle sieht man den *technischen* Vorgang der Erzeugung von Bedarfsgegenständen durch Umformung und Verarbeitung von Roh- und Werkstoffen mittels Arbeit von Menschen und Maschinen, den Einsatz von Materialmengen, Arbeitszeit und Produktionsmitteln; im anderen Falle betrachtet man die diesen Vorgang begleitenden *wertmäßigen* Veränderungen, den Verbrauch von in Geld ausgedrückten Werten, die sogenannten Kosten und das wirtschaftliche Ergebnis dieses Vorganges, den Ertrag.

Kennzahlen der Wirtschaftlichkeit
(Nach SCHOTT)

	Wirtschaftlichkeit		Kennzahlen
Nr.	a	b	a : b
1	Personalkosten		
2	Materialkosten		
3	Kapitalkosten		
4	Energiekosten		
5	Reparaturkosten	Gesamtkosten oder	%
6	Transportkosten	Produktionsmenge oder	oder
7	Fertigungslöhne	Produktionswert	DM/E
8	Hilfslöhne		
9	Fertigungsmaterial		
10	Fertigungskosten		
11	Gemeinkosten		
12	Betriebskosten		
13	Verwaltungskosten		
14	Vertriebskosten		
15	Gesamtkosten		
16	Betriebsgewinn	Produktionsmenge oder	
17		Produktionswert	
18			
19			
20	Sollkosten des Betriebes	Istkosten des Betriebes	Überdeckung
21	Sollkosten einer Abteilung	Istkosten einer Abteilung	oder
22	Sollkosten eines Arbeitsplatzes	Istkosten eines Arbeitsplatzes	Unterdeckung in %
23	Fertigungslöhne	Fertigungsstunden	DM/Std.
24	Gesamtlöhne	Arbeiterzahl	DM/Kopf
25	Gehälter	Angestelltenzahl	DM/Kopf
26	Personalkosten	Belegschaft	DM/Kopf
27			
28			
29			
30	Umsatz*	Betriebsvermögen	
31	Umsatz*	Umlaufvermögen	
32	Umsatz*	Fertigwarenbestand	
33	Umsatz*	Debitoren	
		Vorauszahlungen	1 : ×
34	Materialverbrauch	Materialbestand	
35	Debitoreneingang	Debitorenbestand	
36	Kreditorenausgang	Kreditorenbestand	
37	Flüssige Mittel: Ausgang	Flüssige Mittel: Bestand	

* Nach Mengen oder Werten. Werte gem. Selbstkosten oder Marktpreisen.

In beiden Fällen aber kommt es auf das Verhältnis des Ergebnisses zum Aufwand an; im ersten Falle – bei der technisch-mengenmäßigen Betrachtung – auf das Verhältnis der Produktionsleistung in Stück, Kilogramm, Liter, cbm usw. zu dem Einsatz an Materialmengen, Arbeitszeit, Produktionsmitteln; im zweiten Falle auf das Verhältnis des wirtschaftlichen *Wertes* der Produktionsleistung, des Ertrages, zu dem wirtschaftlichen *Wert* des Einsatzes, den Kosten.« [48/S. 11 und 12]

Das mengenmäßige Verhältnis führt zur Produktivität, das wertmäßige Verhältnis zur Wirtschaftlichkeit. Die Rentabilität, als die dritte von Schulz-Mehrin als »grundlegende betriebswirtschaftliche Kennzahl« bezeichnete Größe, wird als eine erweiterte Form der Wirtschaftlichkeit angesehen.

»... Sie unterscheidet sich von der Wirtschaftlichkeit im engeren Sinne, nämlich Ertrag/Kosten dadurch, daß in der Rentabilitätszahl das Vermögen als solches vorkommt, während es in der engeren Wirtschaftlichkeitszahl nur mit seinen Kosten, insbesondere Verzinsung und Amortisation, zur Auswirkung kommt.«
»... Die Rentabilität schließt die Wirtschaftlichkeit ein; je größer die Wirtschaftlichkeit, desto größer die Rentabilität.« [48/S. 12]

Die Darstellung des auf dieser gedanklichen Grundlage entwickelten Kennzahlensystems zeigt die folgende Seite [48/Tafel 1].

In den drei Hauptkennzahlen sind auch die maßgeblichen betriebswirtschaftlichen Größen – Produktionsleistung, Einsatz für die Produktion, Ertrag, Kosten, Vermögen – enthalten, die nun zu unterteilen sind und so Teilkennzahlen zu bilden gestatten, womit sich »... aus den drei grundlegenden Kennzahlen alle anderen betriebswirtschaftlichen Kennzahlen ableiten lassen« [48/S. 12].

Bei dem äußerlich als zwei Pyramiden dargestellten Kennzahlensystem wird der *Einsatz* auf der Seite der technisch-mengenmäßigen Betrachtung in

Material,
Arbeit und
Vermögen (als Menge!)

aufgeteilt; diese Gliederung erscheint auf der Seite der wirtschaftlich-wertmäßigen Betrachtung wieder mit ihren Kosten als

Materialkosten,
Arbeitskosten und
Kapitalkosten.

Die Nutzung des Vermögens beurteilt Schulz-Mehrin vorwiegend an unbenannten dynamischen Gütezahlen in Form von »Umschlagszahlen« [48/S. 16]. Die *Gesamt*kennzahl dafür lautet:

$$\text{Umschlag des Vermögens} = \frac{\text{Ertrag}}{\text{Vermögen}}$$

System der betriebswirtschaftlichen Kennzahlen
(Nach SCHULZ-MEHRIN)

Produktionsbetrieb

- technisch-mengenmäßige Betrachtung
  - *Produktionsleistung* gemessen in Stück, kg, cbm, m, l usw.
  - $Produktivität = \frac{\text{Produktionsleistung}}{\textit{Einsatz}\text{ für die Produktion}}$
    - *Material*
      - *Einsatz*-material
      - Hilfs-material
    - *Arbeit*
      - Eigene *Belegschaft*
      - Dienste *Dritter*
    - *Vermögen*
      - *Maschinenarbeit*[1] (Anlagenvermögen)
      - *Vorräte*[2] (Umlaufsvermögen)
- wirtschaftlich-wertmäßige Betrachtung
  - *Ertrag* = wirtschaftlicher Wert der Produktionsleistung gemessen in Geld
  - $Wirtschaftlichkeit = \frac{\text{Ertrag}}{\text{Kosten des Einsatzes}} = \frac{\text{Umsatz} \pm \text{Bestandsänderung}}{\text{Kosten}}$
    - *Material*kosten
      - Einsatzmaterialkosten
      - Hilfsmaterialkosten
    - *Arbeits*kosten
      - Löhne, Gehälter Sozialaufwendung für die Belegschaft
      - Vergütungen für Dienste Dritter
    - *Kapital*kosten
      - Maschinenkosten: Abschreibung, Verzinsung für Anlagekapital, Kraft- u. a. Betriebskosten
      - Verzinsung für Umlaufkapital (Vermögen) Finanzierungskosten

wirtschaftliches *Ergebnis* = Ertrag abzüglich Kosten

$$Rentabilität = \frac{\text{Ertrag} - \text{Kosten}}{\text{Vermögen}^{3}\ (\text{Kapital})} = \frac{\text{Ertrag}}{\text{Vermögen}} \;\cdot/.\; \frac{\text{Kosten}}{\text{Vermögen}}$$

$\frac{\text{Ertrag}}{\text{Vermögen}}$ = Umschlag des Vermögens (Umschlagszahl)

$\frac{\text{Kosten}}{\text{Vermögen}}$ = Ausnutzung des Vermögens (Kostenkoeffizient)

[1] Zur Vereinfachung ist davon abgesehen, daß das Anlagevermögen auch noch andere Vermögenswerte, z. B. Rechte, enthalten kann.

[2] Das gleiche gilt vom Umlaufsvermögen, das außer Vorräten auch Forderungen und flüssige Mittel umfaßt.

[3] In der Regel wird die Rentabilität auf das Kapital bezogen, die auf das Vermögen, insbesondere das betriebliche Vermögen, bezogene Rentabilität kann als *betriebliche* Rentabilität bezeichnet werden.

Die Einzelkennzahlen haben alle den gleichen Charakter wie die Gesamtkennzahl, so:

$$\text{der Werkzeugumschlag} = \frac{\text{Werkzeugverbrauch (monatlich)}}{\text{Werkzeugbestand}}$$

$$\text{der Betriebsmaterialumschlag} = \frac{\text{Betriebsmaterialverbrauch}}{\text{Betriebsmaterialbestand}}$$

$$\text{oder der Fertiglagerumschlag} = \frac{\text{Umsatz}}{\text{Fertiglagerbestand}}$$

Unter dem Gesichtspunkt möglichst günstiger Vermögensnutzung sollten diese Kennzahlen möglichst groß sein. Es ist aber darauf aufmerksam zu machen, daß hier auch ein Denken in Bedarfdeckungs-Notwendigkeiten (Auskömmlichkeiten) erforderlich ist, was eine zu starke Verkleinerung der – im Nenner auftretenden – Bestände nicht erlaubt. Es zeigt sich hier die Erscheinung, daß die Gesichtspunkte der Auskömmlichkeit und Wirtschaftlichkeit einander entgegengesetzt sind [27/S. 43], daß es folglich »... unter Wirtschaftlichkeits-Gesichtspunkten ein Optimum der Auskömmlichkeit gibt« (LEHMANN [27/S. 115 und Tafel]).

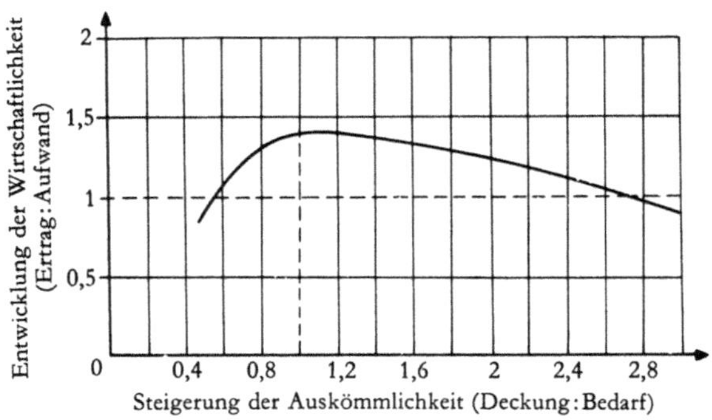

Die Abhängigkeit der betrieblichen Wirtschaftlichkeit von der Auskömmlichkeit (Idealkurve)
(Nach LEHMANN)

Jedenfalls ist eine Charakterisierung der Vermögensnutzung mit Hilfe von Gütezahlen aussagefähiger als eine Darstellung der Vermögensstruktur mit Hilfe von Gefügezahlen, deren Bedeutung für Zwecke des Vergleiches von SCHULZ-MEHRIN folgendermaßen gekennzeichnet wird [48/S. 15]:

»Auf der Tatsache, daß sich in jedem Wirtschaftszweig entsprechend dem jeweiligen Entwicklungstand Verhältnisse zwischen den einzelnen Betriebsgrößen herausbilden, die in den gut arbeitenden Betrieben weitgehend übereinstimmen, beruht die Möglichkeit des zwischenbetrieblichen Vergleiches mittels Strukturkennzahlen, insbesondere mittels Vermögensstruktur- und Kostenstrukturzahlen.«

Damit ist das von SCHULZ-MEHRIN entwickelte Kennzahlensystem in seinem Grundgerippe dargestellt und erörtert; bedeutungsvoll ist die begriffliche Tren-

nung des Mengengerüstes von den Kosten- und Bewertungsfragen und die darauf aufgebaute Gliederung. Zwar handelt es sich immer noch um Versuche, Zustand oder Gebarung irgendwelcher ideeller Ganzheiten zu beurteilen (Betrieb, Abteilung, Lager u. a.), doch es wird hier deutlich, worauf selbst die in den kleinsten Bereichen gültigen Kennzahlen und Richtwerte ausgerichtet sein sollten.
Bevor auf die kleinsten Bereiche der Fertigung eingegangen werden kann, ist noch eine Vorbemerkung notwendig:
Auf die Bedeutung der *Zeit* in der Form der Nutzungszeit (neben der Kalenderzeit) bei allen Arten von Wirtschaftlichkeitskennzahlen war schon hingewiesen worden. Die Zeitermittlung wird nun in der REFA-Lehre unter methodischen Gesichtspunkten betrieben und ist deren historisches Kerngebiet. Die REFA-Lehre betrachtet das Produktionsgeschehen unter dem Gesichtspunkt des Zusammenwirkens von Arbeiter, Betriebsmittel und Werkstück und legt diese Dreiteilung auch ihren Zeitgliederungen zugrunde, deren Nomenklatur hier als bekannt vorausgesetzt werden möge.
Der dritte Versuch einer Systematisierung der Kennzahlen, der noch ergänzend aufgeführt sei, ist nun unverkennbar beeinflußt von der REFA-Gliederung. BAIERL [2/S. 4 und 5] unterteilt nach:

1. Kennzahlen, bezogen auf die Belegschaft,
2. Kennzahlen, bezogen auf das Betriebsmittel,
3. Kennzahlen, bezogen auf den Werkstoff, und
4. Allgemeine Kennzahlen.

Er gelangt damit zwangsläufig zu den Elementen der Fertigung, nämlich zu dem Arbeitsplatz und zu dem einzelnen Erzeugnis. So weit seine Aufstellungen gegenüber den bisher durchgesprochenen neuen Anregungen vermitteln, mögen sie hier wiedergegeben werden:

Zu 1.: Kennzahlen bezogen auf die Belegschaft [2/S. 4]:

Kennzahlen, bezogen auf die Belegschaft
(Nach Baierl)

				Kennzahlen
	Nr.	a	b	a : b
Siehe auch Schott [46]	1	Arbeitsstunden	Produktionsmenge	Std./E
	2	Zahl der Arbeiter	Produktionsmenge	Arbeiter/E
	3	Zahl der Arbeiter	Produktionswert	Arb./1000 DM
	4	Zahl der Arbeiter	Umsatz	Arb./1000 DM
	5	Zahl der Arbeiter	Nutzfläche	Arb./100 m²
	6	Zahl der Arbeiter	Kapazität	Arbeiter/E
	7	Zahl der Arbeiter	betriebliche Raumfläche	Kopf/m²
	8	Zahl der Arbeiter	umbauter Raum der Betriebsabteilung	Kopf/cbm
Gefügezahlen und Grade (Soll-Ist-Quotienten)	9	Vorgabezeit	Gebrauchszeit	
	10	Ist-Leistung	Normalleistung	
	11	Ist-Verdienst	Normalverdienst	
	12	Verteilzeit	Gesamtgrundzeit	
	13	Tätigkeitszeit		
	14	Ruhezeit		%
	15	arbeitsablaufbedingte Wartezeit		
	16	störungsbedingte Wartezeit	Arbeitszeit	%
	17	Erholungszeit		
	18	Zeiten für sonstige Untätigkeiten		
	19	Arbeitszeit		
	20	Fehlzeiten		

Die Zahlen 1.–8. entsprechen denen von Schott [46/S. 569 und 570] und sind dort unter »Produktivität« und »Organisation« zu finden, was als Ordnungsgesichtspunkt treffender ist. Zudem wären diese Kennzahlen, wenn sie sich auf die Belegschaft *beziehen* sollten, reziprok aufzustellen, weil dann die Bezugsgröße (Arbeiter, Arbeitsstunden) wirklich in den Nenner käme.
Zu den Zahlen des zweiten Feldes werden sich in der Praxis die Unterlagen mit unterschiedlicher Schwierigkeit beschaffen lassen, da einige zu ihrer Ermittlung spezieller Zeitstudien bedürften. Ihre Bedeutung erhalten sie aber dadurch, daß beispielsweise das Verhältnis der abgerechneten Vorgabezeiten zu den Anwesenheitszeiten der direkten Fertigungsarbeiter eine wichtige Meßgröße für den organisatorischen Leistungsstand eines Betriebes sein kann [60/S. 8].

Zu 2.: Kennzahlen, die auf das Betriebsmittel bezogen sind, finden dort Verwendung, wo durch die Kosten der Betriebsmittel deren Auslastung wichtiger sein kann als die volle Beschäftigung des an ihr tätigen Arbeiters. BAIERL unterscheidet auch die Ausnutzung in zeitlicher und leistungsmäßiger Hinsicht und gibt eine Aufstellung in folgender Form [2/S. 4]:

Kennzahlen, bezogen auf das Betriebsmittel
(Nach BAIERL)

	Nr.	a	b	Kennzahlen a : b
Gefügezahlen und Grade (Soll-Ist-Quotienten)	1	Nutzungszeit	Kalenderzeit	%
	2	Nutzungszeit	Betriebszeit	
	3	Nutzungszeit	Betriebsmittelzeit	
	4	Brachzeit	Betriebsmittelzeit	
	5	Nutzungshauptzeit	Betriebsmittelzeit oder Nutzungszeit	
	6	Nutzungsnebenzeit		
	7	Arbeitsablaufbedingte Brachzeit	Betriebsmittelzeit oder Brachzeit	
	8	Zeiten der Außerbetriebnahme		
	9	Störungsbedingte Brachzeiten		
	10	Durch den Arbeiter bedingte Brachzeiten		
	11	Ist-Belastung	Nennbelastung	

Zu 3.: Der Versuch, den Werkstoff (umfassender: Werkstück, Erzeugnis) in Kennzahlen zu erfassen, geschieht mit dem Ziel, auf der Seite des Materialeinsatzes nichts zu vergeuden und die Werkstoffkosten zu senken. Dazu ist nach BAIERL folgendes anzustreben [2/S. 5]:

1. Die Materialbewegung vom Eingang in den Betrieb bis zum Ausgang an solchen Stellen zu kontrollieren, an denen Verluste auftreten können,
2. die bestmögliche Ausnutzung der eingesetzten Werkstoffe zu erzielen,
3. den Ausschuß zu verringern,
4. den Abfall zu vermindern, als Kreislaufstoff wieder der Erzeugung zuzuführen oder anderweitig nutzbringend zu verwenden,
5. die Stoffverluste zu verkleinern,
6. die Kreislaufstoffe, falls solche anfallen, auf kürzestem Wege wieder in den Erzeugungsprozeß einzuführen.

Aus diesen Forderungen entwickelt sich ein Kennzahlenschema [2/S. 5]:

Kennzahlen, bezogen auf den Werkstoff
(Nach BAIERL)

	Nr.	a	b	Kennzahlen a : b
Nur Gefügezahlen	1	Erzeugung		%
	2	Ausschuß		
	3	Abfall	Einsatz	
	4	Stoffverluste		
	5	Kreislaufmenge		
	6	Veränderungszeit	Werkstoffzeit (= Durchlaufzeit)	
	7	Liegezeit		
	8	Einwirkungszeit	Werkstoffzeit oder Veränderungszeit	
	9	Förderzeit		
	10	Lagerungszeit		
	11	arbeitsablaufbedingte Liegezeiten	Werkstoffzeit oder Liegezeit	
	12	störungsbedingte Liegezeiten		
	13	durch den Arbeiter bedingte Liegezeiten		

Zu 4.: Der größte Teil der »Allgemeinen Kennzahlen«, die BAIERL anführt, ist schon bei SCHOTT [46] vorhanden und dort unter »Produktivität«, »Organisation« und »Wirtschaftlichkeit« eingeordnet, weshalb sich eine Wiedergabe erübrigt. Hinzugefügt werden von BAIERL jedoch einige Gefügezahlen aus dem Bereich der Zeiten [2/S. 5]:

»*Allgemeine Kennzahlen*«
(Nach BAIERL)

Nur Gefügezahlen	11	Kontrollzeiten	Einzelzeit (Stückzeit)	%
	12	Förderzeiten		
	13	Rüstzeit	Auftragszeit	
	14	Fertigungszeit (Ausführungszeit)	Auftragszeit	
	15	Grundzeit	Einzelzeit	
	16	Verlustzeit (Verteilzeit)	Einzelzeit	
	17	Hauptzeit	Grundzeit	
	18	Nebenzeit	Grundzeit	
	19	beeinflußbare Zeit	Grundzeit	
	20	unbeeinflußbare Zeit	Grundzeit	
	21	beeinflußbare Zeit	unbeeinflußbare Zeit	
	22	Nebenzeit	Hauptzeit	

Die Zahlen des ersten Feldes kann man begrifflich ohne Schwierigkeiten den Kennzahlen des *Werkstoffes* (Werkstückes) zuschlagen; die Zahlen des zweiten Feldes sind Gefügezahlen der REFA-Auftragszeit und deren Untergruppen. Da diese Zeit dem Arbeiter zur ordnungsgemäßen Erledigung des Auftrages vorgegeben wird, ließe sich das zweite Zahlenfeld (Nr. 13–22) den Kennzahlen, die sich auf die *Belegschaft* beziehen, zuordnen. Die Gliederung von BAIERL würde durch solche Umformung klarer und in ihren wesentlichen Merkmalen – nämlich der Grundgliederung entsprechend den REFA-Zeiten und der Benutzung von dimensionslosen Gefügezahlen und Graden (Soll-Ist-Quotienten) – bestärkt werden. Die beispielhafte Aufführung und kritische Sichtung von praktischen Versuchen, zu einer Gliederung der Kennzahlen zu kommen, sei damit abgeschlossen. Die Ausführlichkeit schien deshalb angezeigt, weil von allen Kennzahlen und Richtwerten im Mengengerüst gefordert werden muß, daß sie den Anschluß an die Kennzahlen betriebswirtschaftlicher Natur ermöglichen, ja sogar deren Grundlage sind und deren technische Bezugsgrößen liefern. Da unter den technischen Kennzahlen und Richtwerten weder andere Zahlenarten noch andere Dimensionen vorkommen, da ferner auch die Denkarten – im Sinne des ökonomischen Prinzips und in den Notwendigkeiten der Bedarfsdeckung – die gleichen bleiben, und da sich schließlich schon bei den betriebswirtschaftlichen Kennzahlen gezeigt hat, wie fließend die Übergänge und wie eng die Zusammenhänge zwischen beiden sind, *wäre eine eigene, isolierte Systematik der Kennzahlen und Richtwerte technischer Natur nicht einmal wünschenswert.* Die verschiedenen Arten von Einsätzen und Leistungen sind eben nur über eine Wertbezifferung – zum Beispiel mit Hilfe von Kostenstandards – addierbar, verrechenbar und vergleichbar und können auf *betriebswirtschaftlicher* Ebene auch nur hinsichtlich ihrer Wirtschaftlichkeit beurteilt werden. Technische Kennzahlen und Richtwerte erhalten deshalb ihr Ziel und ihre Ausrichtung durch die eben besprochenen betriebswirtschaftlichen Kennzahlen, von denen abschließend noch eine Zusammenfassung gegeben sei:

Mit ihrem betonten Wirtschaftlichkeitsdenken unter Benutzung dynamischer Gütezahlen erscheint die Systematik von SCHULZ-MEHRIN [48] als der geeignete Weg, aussagefähige Beurteilungsgrundlagen insbesondere für die *Entwicklung* eines Betriebes zu erhalten. Seine Unterteilung in eine technisch-mengenmäßige und eine wirtschaftlich-werkmäßige Betrachtungsweise entspricht außerdem einer dieser Arbeit vorangestellten Grundforderung.

Im Bereich der statischen Gefügezahlen (Strukturzahlen), deren Bedeutung für Vergleichszwecke auch von SCHULZ-MEHRIN zugestanden wird [48/S. 15], kann das Schema von SCHOTT [46] als Unterlage dienen, das außerdem den beachtenswerten Versuch enthält, die funktionale überall wirksame Organisation durch Kennzahlen zu charakterisieren.

Will man weiter in die Einzelheiten gehen, dann erhalten die Kennzahlen von BAIERL [2] ihre Bedeutung, denn dort erfahren die sachlichen Elemente der Fertigung – Arbeiter (Belegschaft), Betriebsmittel und Werkstoff (Werkstück, Erzeugnis) – ihre Beurteilung in Form von dimensionslosen Gefügezahlen und Graden (Soll-Ist-Quotienten), unter besonderer Berücksichtigung der REFA-Zeitgliederung und deren Terminologie.

1.3 Wege zur Richtwertermittlung (Auswahl- und Bewertungsgesichtspunkte)

Nachdem versucht worden ist, einige Ordnungs- und Gliederungsgesichtspunkte der betrieblichen Kennzahlen aufzuzeigen, und nachdem die auftretenden, möglichen Zahlenarten systematisiert und in ihrem Aussagewert gegeneinander abgewogen sind, ist es jetzt angezeigt, die *Techniken* der Kennzahlbildung und Richtwertermittlung zu untersuchen. Nach Erörterung dieser Auswahlfragen wird es auch möglich sein, abgegrenzte Begriffsdefinitionen zu geben und damit die Überlegungen des vorigen Abschnittes zur Klassifizierung der Kennzahlen zu ergänzen.
Die Untersuchung wird drei sich aufeinanderfolgend ergebende Fragen behandeln:

I. Die Frage nach der Wahl der *Bezugsgrößen*; es handelt sich um ein vorwiegend methodisches Problem, das zu seiner Klärung mancher Rückgriffe auf die Gliederung der Kennzahlen bedarf und das deshalb eine enge Verbindung zum vergangenen Abschnitt hat.

II. Die Frage nach der *Herkunft* der Zahlen; hier stehen praktische Fragen im Vordergrund, und hier treten auch die ersten Überlegungen hinsichtlich des Aussagewertes der Ursprungszahlen auf.

III. Die Frage nach den Wegen zur Bildung *repräsentativer Werte*; das eigentliche Kernproblem dieses Abschnittes. In jedem Fall ist die vorherige Klärung der Fragen I. und II. jedoch notwendig, denn die mathematisch-statistischen Hilfsmittel, die hier zur Anwendung kommen, sind nicht in der Lage, aus einem unsorgfältig gesammelten und zusammengestellten Anfangsmaterial durch Rechenoperationen allein Richtwerte mit repräsentativem Aussagewert zu ermitteln.

Zu I.: Wenn von einer Wahl der Bezugsgrößen gesprochen wird, dann ist damit bereits auf das Gebiet der Relativzahlen, insbesondere der Gütezahlen, verwiesen; der hohe Aussagewert gerade dieser Zahlenart war auch bereits begründet worden. (Bei den Gefügezahlen ist die Bezugsgröße stets die übergeordnete Gesamtmasse und deshalb ohne Problematik.) Die Frage hat aber auch Bedeutung auf anderen Gebieten, so bei der Plankostenrechnung für die Auffindung von Bezugsgrößen für die Kostenstandards oder bei der Bildung von Äquivalenzziffern als Grundlage einer modifizierten Divisionskalkulation. Für alle drei Fälle gelten aber die gleichen Überlegungen, da es gilt, irgendwelche Erscheinungen oder Vorgänge auf nur eine Größe zu beziehen und sie an ihr messen zu können.
Daß die gemessene Größe und die Maßbezugsgröße voneinander abhängig sein müssen, ist bereits erwähnt worden. Von den dann zur Verfügung stehenden Maßbezugsgrößen sollte jene gewählt werden, die auf die Höhe der *Kosten* der zu messenden Erscheinung oder der zu messenden Vorgänge den größten Einfluß hat [48/S. 48].
Mehrere Bezugsgrößen – als voneinander unabhängig veränderliche – sind bei rein technischen Beziehungen häufig anzutreffen, und ihre Verarbeitung bereitet meist

keine Schwierigkeiten; bei der Suche nach Bezugsgrößen für Kosten und Kostenarten besteht dazu zwar kein grundsätzlicher Unterschied, aber aus Gründen der Einfachheit besteht hier der Wunsch nach möglichst nur *einer* Bezugsgröße. Zu deren Auffindung gibt SCHRÖDER [47/S. 118] den Hinweis, daß man

»... bei Funktionen, welche durch Tabellen gegeben sind und deren mathematischer Ausdruck unbekannt ist, durch passende Wahl der Bezugsgrößen oft den Funktionsverlauf vereinfachen kann«.

Er weist darauf hin, daß logische Überlegung und Probieren Hand in Hand gehen müßten, um den einfachsten Kurvenverlauf mit der geringsten Streuung zu finden. Bei Werkstücken beispielsweise sei deshalb möglichst viel über deren Beschaffenheit aufzuschreiben. (SCHULZ-MEHRIN betont das besonders für die Gewichte [48/S. 28].)

Oft sind mehrere zur Verfügung stehende Bezugskräfte gleichwertig und untereinander austauschbar. Das läßt sich graphisch so veranschaulichen, daß man auf den Koordinaten eines Achsenkreuzes je eine Größe aufträgt, deren funktionelle Abhängigkeit voneinander sich in einer stetigen Kurve darstellen muß. (Bei den späteren praktischen Versuchen bestand ein solcher Zusammenhang beispielsweise zwischen dem Gesamtgewicht und dem Achsabstand von Getrieben. Beide Größen waren als Bezugsgrößen für die benötigten Fertigungsgesamtzeiten und auch für die Herstellkosten brauchbar.) Man wird in solchen Fällen jene Größe wählen, die sich am leichtesten ermitteln läßt, die vielleicht ohnehin anfällt und die möglichst eine *lineare* Abhängigkeit zu der zu messenden Größe zeigt.

Als Maßbezugsgröße für die *Kosten* wird von vielen Autoren empfohlen, eine Bezugsbasis *außerhalb* der Kosten zu suchen, um eine von Bewertungsfragen unabhängige Grundlage zu haben. Dabei tritt die Zeit – in der Form der Kalenderzeit oder der Nutzungszeit – sehr oft als Ordnungsgröße auf, so daß man schon systematisch versucht hat, Betriebsvergleiche auf der Grundlage des Arbeitszeitvergleiches durchzuführen (s. auch [17]). Bei kapitalintensiven Betrieben tritt die Arbeiterstunde dabei in den Hintergrund gegenüber der Maschinenstunde, da diese für die Kosten bedeutungsvoller ist.

Technisch-mengenmäßige Bezugsgrößen sind auch bei Hilfsbetrieben und Hilfsfunktionen möglich. WILLE empfiehlt so, für die Festlegung des Aufwandes für *Heizung* [55/S. 30] zunächst den Zusammenhang zwischen Temperaturverlauf, monatlichen Heizstunden und Heizstoffverbrauch graphisch darzustellen, dann den Jahresdurchschnitt als Planbeschäftigung zugrunde zu legen und die jeweilige Beschäftigung nach Temperaturverlauf und Zahl der Arbeitstage festzusetzen. Bei den *Transport*kosten wären als Bezugsgrößen das Gewicht, die Menge oder der Weg zu wählen, genauer das Produkt aus Gewicht mal Weg (m · t). Der Weg müßte dazu noch vektoriell gedacht werden, um senkrechten Transport (als Hubarbeit) von der horizontalen Fortbewegung zu trennen, weil die energiemäßigen und fördertechnisch-organisatorischen Aufwendungen dabei ganz verschieden sind. Hier greift man zu Ersatzgrößen, die in der Statistik als Repräsentativzahlen bezeichnet werden. Das kann allgemein notwendig werden, wenn [27/S. 48].

1. das Ermitteln anderer Größen zu schwierig ist oder
2. wenn sich bestimmte Erscheinungen nur an ihren Symptomen messen lassen. Die gewählten Größen erhalten dann den Charakter von »Symptomzahlen«.

Für die Lohnkosten des Transports (und der Lagerung) wählt SCHULZ-MEHRIN als Repräsentativzahl die Einsatzmaterialkosten [48/S. 48], weil diese sich rechnerisch einfacher handhaben lassen, »... ohne daß die Genauigkeit wesentlich leidet«.

LEHMANN [27/S. 50] bemerkt zu diesem Verfahren grundsätzlich:

»Es kommt unter sachlichen Gesichtspunkten stets auf den Charakter der repräsentierten Zahlen an, nicht auf den der repräsentierenden.«

Die Austauschbarkeit von Mengen- und Wertgrößen als Bezugsbasis kann auch bei Aufstellung von *Äquivalenzziffern* von Nutzen sein. Mit dem Wunsch, sich in abgewandelter Form die Vorzüge der Divisionskalkulation zunutze zu machen, die bei der Herstellung einheitlicher Erzeugnisse leicht eine Leistungsmessung oder Kostenträgerrechnung durchzuführen gestattet, sucht man bei verschiedenartigen Erzeugnissen eine Gewichtung vorzunehmen. Auf der Grundlage von *Zeiten* zeigt einen solchen Versuch das folgende Beispiel [2/S. 5]:

Errechnung von Äquivalenzziffern
(Nach BAIERL)

Erzeugnisse	Minuten	Basiseinheiten
1 Haushaltbügeleisen	40	1
1 Schneiderbügeleisen	100	2,50
1 Einplatten-Kocher	24	0,60
1 Zweiplatten-Kocher	156	3,90
1 Tauchsieder	22	0,55

Umwandlung der Fertigungszeiten in »Basiseinheiten«

Anzahl	Erzeugnisse	Basiseinheiten je Einheit	Basiseinheiten Summe
5500	Haushaltbügeleisen	1	5500
500	Schneiderbügeleisen	2,50	1250
1500	Einplatten-Kocher	0,60	900
770	Zweiplatten-Kocher	3,90	3000
2400	Tauchsieder	0,55	1320
	Summe		11970

Umrechnung der Monatsproduktion im März 19.. in »Basiseinheiten«

Legt man die *Kosten* für die Bildung von Äquivalenzzahlen zugrunde, so muß man eine einheitliche Bewertungsgrundlage schaffen, wie sie in den Normalkosten gegeben ist. (»Unter Normalkosten werden die für normale Beschäftigung [praktisch Vollbeschäftigung] bei einem bestimmten Preisstand berechneten Kosten verstanden.« [48/S. 30]). Die Durchführung der Berechnung möge das folgende Beispiel erläutern [48/S. 32]:

Rechnung mit Normalkosten
(Nach Schulz-Mehrin)

Umrechnung über die Normalkosten bei Zuschlagrechnung		Gesamt-betrieb	Erzeugnisgruppen		
			I	II	III
a		b	c	d	e
1 Fertigungsstunden	Fst.	400 000	118 000	157 000	125 000
2 Produktionsleistung	kg	nicht addierbar	260 000	440 000	100 000
3 Produktionsleistung je Fertigungsstunde, Zeile 2/1	kg		2,2	2,8	0,8
4 Produktionsleistung in Normalkosten	DM	3 200 000	1 042 000	1 460 000	696 000
a) davon Fertigungsmaterial (FM)	DM	1 272 000	480 000	640 000	152 000
b) davon Fertigungslöhne (FL)	DM	406 000	120 000	160 000	128 000
c) davon Sonderkosten	DM	132 000	42 000	60 000	30 000
d) davon Normalgemeinkostenzuschlag in % (FL)		340%	334%	375%	300%
e) davon Normalgemeinkostenbetrag	DM	1 388 000	400 000	600 000	388 000
5 Normalkosten je kg Produktion, Zeile 4/2	DM	–	4 = k I	3,3 = k II	7,0 = k III
6 Umrechnungsfaktoren		–	$\frac{k\,I}{k\,I} = 1$	$\frac{k\,II}{k\,I} = 0{,}83$	$\frac{k\,III}{k\,I} = 1{,}75$
7 Leistungsgewicht	kg	800 000	260 000	365 000 (0,83×440 000)	175 000 (1,75×100 000)
8 Leistungsgewicht je Fertigungsstunde, Zeile 7/1 (Produktivität)		2 kg/Fst	2,2 kg/Fst	2,43 kg/Fst	1,4 kg/Fst

Die Zahlen sind abgerundet

Zu II.: Die Frage nach der *Herkunft* der Zahlen lautet etwa folgendermaßen: »Woher sollen die Zahlen genommen werden, die später die Grundlage für eine Bildung von Richtwerten sind?«

Das Ziel des Richtwertes ist eine zukunftweisende, hinreichende Repräsentativität, zugleich mit der Eigenschaft eines gewissen Ansporns. Daraus lassen sich alle Erfordernisse ableiten. Neben der Forderung nach guter Auswahl und hinreichender Häufigkeit der Ursprungszahlen tritt sofort die *Notwendigkeit des Vergleiches* auf, nicht nur innerhalb des eigenen Betriebes und in der zeitlichen Entwicklung (dynamisch), sondern auch überbetrieblich (zum gleichen Zeitpunkt und damit statisch), um durch ein Messen an einem Teil der Grundgesamtheit der überhaupt vergleichbaren Betriebe die eigene Urteilsbildung zu vervollkommnen und zu sichern.

»Erst der *außerbetriebliche Vergleich* gibt absolute Wertmaßstäbe ...«[43/S. 102], und »... Leistung, Kosten und Ergebnisse können nur beurteilt werden durch Vergleichen, wie alles Prüfen und Beurteilen ein Vergleichen ist «[48/S. 29].

So ist es verständlich, daß sich in der Frage der Ermittlung von Kennzahlen und Richtwerten die Sachgebiete des Betriebsvergleiches, der Wirtschaftsprüfung und der Betriebsstatistik begegnen und gegenseitig ergänzen. Die Grundgesamtheit der überhaupt vergleichbaren Betriebe wird in sehr vielen Fällen eine *Branche* sein, obgleich sich bei weit in die Einzelheiten gehenden Betriebsvergleichen technischer Natur viele Funktionen und Arbeitsvorgänge finden, die in Form von Kennzahlen durchaus mit anderen Branchen vergleichbar wären.

Um nun die Richtwerte mit den bereits aufgeführten, gewünschten Eigenschaften ausstatten zu können,

»... liegt in der Auswahl der zu prüfenden Betriebe der Schlüssel für den Erfolg einer Branchenprüfung überhaupt« [32].

Die Meinung darüber, wie viele Betriebe heranzuziehen sind, ist sehr unterschiedlich. Pribilla fordert, daß etwa 70–80% der Gesamtproduktion oder der Gesamtkapazität der Branche erfaßt werden sollten, während Schulz-Mehrin bemerkt [48/S. 39], daß es nicht sosehr auf Unterlagen aus möglichst vielen, als vielmehr aus möglichst guten Betrieben ankommt. Naturgemäß können aus vielen Angaben sicherer brauchbare Kennzahlen ermittelt werden, aber notfalls genügten schon drei Betriebe, wenn ihre Angaben einigermaßen übereinstimmen.

Es darf hierzu eingeschränkt werden, daß das Erkennen von guten Betrieben nicht durch den Augenschein allein möglich ist, sondern der *zahlenmäßige* Niederschlag aller Einzelheiten in Form von Mengen, Zeiten oder Werten ist entscheidend. Die Beurteilung der Güte eines Betriebes setzt deshalb eine genaue Prüfung voraus, wenn man sich nicht auf eine nur durch verschiedene Eindrücke und Erfahrungen begründete Branchenkenntnis verlassen will.

Zu ergänzen ist noch, daß die Einzelzahlen der Betriebe hinreichend kennzeichnend für diese sein sollen, wozu oft ein Ausgleich über die Zeit nötig ist. Die Festlegung der zugrunde zu legenden Vergleichsperioden oder Vergleichszeitpunkte erhält so ihre Bedeutung. Welche Beziehungszeitspannen oder -zeitpunkte zu wählen sind, muß je nach Vergleichszweck von Fall zu Fall entschieden werden.

Zu III.: Die Frage nach den Wegen zur Bildung *repräsentativer* Werte tritt auf, nachdem die Punkte I. und II. geklärt sind und nun das irgendeinen Status oder irgendwelche Veränderungen kennzeichnende, vergleichbare Zahlenmaterial vorliegt. Wenn auch die Bildung von Kennzahlen nicht als das einzige Ziel von Betriebsvergleichen angesehen werden darf, so ist jede Kennzahl doch ein gewisser gedrängter Auszug eines Vergleichs, weil in sie alle Auswahl und Bewertungsüberlegungen hineingearbeitet sind, die ihre repräsentativen Eigenschaften sicherstellen sollen.

Die Ermittlung geschieht mit dem Ziel, aus den der *Vergangenheit* entstammenden Zahlen eine Zahl mit richtungsweisender Gültigkeit für die – wenn auch nahe – *Zukunft* zu bilden und herauszustellen. Hier vermag die Statistik wiederum ihre Erfahrungen zu übertragen, denn bei ihr geschieht der Schluß auf die Zukunft [27/S. 81]

aus zeitlichen (dynamischen) Reihen
durch den Trend und
aus statischen (zeitpunktbezogenen) Reihen
durch den häufigsten Wert,
der als der wahrscheinlichste angesehen wird.

Damit sind schon zwei wichtige Verfahren genannt, die jedoch in ihrer Anwendbarkeit noch einiger Einschränkungen bedürfen, weil man es innerbetrieblich und überbetrieblich selten mit ausgesprochenen Massenerscheinungen zu tun haben wird, die erst die Anwendung der statistischen Großzahlmethoden als einzige Grundlage für die Richtwertbildung rechtfertigen würden. Zwischen den Grenzen der unter extrem günstigen Bedingungen erreichten Optimalwerte und den schlechtesten, ungünstigsten Zahlen liegt jedenfalls irgendwo das Übliche und Normale, das die Eigenschaft des Häufigsten und Wahrscheinlichsten haben kann.

Kennzahlen und Richtwerte erstreben damit die Eigenschaft von Mittelwerten, die nach ZIZEK definiert werden als [61]

»... statistische Aussagen, welche eine der Größe nach schwankende Erscheinung, eine Reihe von quantitativen Abstufungen, durch einen einfachen zusammenfassenden zahlenmäßigen Ausdruck charakterisieren«.

Beim Studium der Literatur [13, 16, 18, 44] fanden sich folgende Arten von Mittelwerten:

a) mathematische Mittelwerte
   1. das einfache arithmetische Mittel
   2. das gewogene arithmetische Mittel
   3. das geometrische Mittel
   4. das harmonische Mittel

b) Mittelwerte der Lage
   5. der dichteste oder häufigste Wert oder Modul
   6. der Zentral- oder Medianwert

Die rechnerischen Methoden – deren Ermittlung – sollen hier nicht besonders beschrieben werden, da sie in der Statistik als elementare Verfahren gebräuchlich sind.
Die so mannigfach möglichen Mittelwerte scheinen zunächst die Wahl zu erschweren, jedoch sind das geometrische und das harmonische Mittel für die Bildung von Kennziffern praktisch ohne Bedeutung, da sie nur zu Interpolation von Funktionsverläufen herangezogen werden und auch nur dann, wenn zu erwarten ist, daß sich durch die Umbildung des Ordinatenmaßstabes eine Verstreckung (Anamorphose) einer Kurve zur Gradlinigkeit erwarten läßt.
Beim gewogenen arithmetischen Mittel liegt die Schwierigkeit darin, den richtigen *Maßstab* oder die richtige Bezugsgröße für eine Gewichtung zu finden, da sonst deren Zumessung bereits wieder ein Moment subjektiver Willkür enthält.
Die nun noch verbleibenden drei Mittelwerte der Aufzählung vereinfachen sich durch die mathematische Gegebenheit, daß bei dem Idealfall der Gaußschen Häufigkeitsverteilung

der häufigste Wert,
der Zentralwert und
das arithmetische Mittel

zusammenfallen! Unter diesem Gesichtspunkt gewinnt der Vorschlag von SCHMALTZ [42/S. 231] einige Berechtigung, der für die »Bildung von Standardbilanzen und Standardwertverhältnissen zum Zwecke des Betriebsvergleiches« aus

a) dem einfachen arithmetischen Mittel,
b) dem häufigsten Wert und
c) dem Zentralwert

noch einmal das arithmetische Mittel zu bilden empfiehlt. Das Auseinanderfallen jener drei Werte ist ein Maß für die Abweichung von der normalen Häufigkeitsverteilung, und eine nachträgliche Mittelung der drei Werte ist jedenfalls ein vertretbarer Versuch, deren wechselweise Vorzüge in irgendeiner Form zur Abstimmung zu bringen.
Schließlich kann auch in der Art der Fragestellung und im Zweck einer Kennzahl selbst schon ein Hinweis zur Wahl des Verfahrens der Mittelwertbildung gegeben sein; so etwa, wenn man entweder nach dem Durchschnittlichen oder nach dem Häufigsten irgendeines Sachverhaltes fragt. Jedenfalls wird sich oft ein gewisses subjektives Moment nicht ausschalten lassen; wenn beispielsweise vor der Mittelwertbildung schon die ausgefallenen Extremwerte ausgeschieden werden, dann verlieren jene Ermittlungsverfahren, die gegen Extremwerte unempfindlich sind, an Bedeutung, und die Bildung des einfachen arithmetischen Mittels hat von vornherein größere Berechtigung.
In praktischen Fällen verlieren diese Überlegungen stets an Gewicht, da die durch Vergleiche aufgezeigten Schwankungen der Einzelzahlen oft wesentlich größer sind als der Spielraum, der für die Richtwertbildung zur Verfügung steht, nachdem die wichtigsten der aufgeführten Mittelwerte einmal gebildet sind.

Einzelmerkmale ► / Grundeinteilung ▼	Sinninhalt Zahlenarten Herkunft	Einzuordnende verwandte Begriffe
1. Kennzahlen	= Kennzeichnende Zahlen Mögliche Zahlenarten: Grundzahlen Spannen Gefügezahlen Gütezahlen Meist innerbetrieblich ermittelt	Betriebliche Meßzahlen Istzahlen (nach Aufbereitung) Kennziffern
2. Richtwerte	= Werte, nach denen man sich richten darf, Charakter der Empfehlung Mögliche Zahlenarten wie unter 1. Innerbetrieblich oder überbetrieblich (zwischenbetrieblich) ermittelt	Branchen-Standards Branchen-Durchschnitte Branchen-Richtzahlen Zweigwirtschaftliche Kennziffern Normalzahlen Planungszahlen
3. Sollzahlen	= Werte, die erreicht werden *sollen*, Charakter der fordernden Zielsetzung Moment des Ansporns Mögliche Zahlenarten wie unter 1. Zahlen besonders guter Betriebe oder unter nachahmbar günstigen Bedingungen erreichte Werte, auch Laboratoriumswerte	Bestzahlen Optimalzahlen Zahlen fiktiver Bestbetriebe Technische (theoretische) Idealfälle Äquivalente

Ermittlungsverfahren und Gültigkeit

Sie müssen so charakteristisch sein, daß sie überbetrieblich oder innerbetrieblich (zu verschiedenen Zeitpunkten) vergleichbar sind. Das heißt: Ausgleich von Preis- und Bewertungsschwankungen (über Normalkosten), Beziehung auf einheitlichen Beschäftigungsgrad, einheitliche Kostenabgrenzungen. Ausgleich von Größen-, Alters- und Standortunterschieden.
Sie kennzeichnen einen augenblicklichen Status oder die Veränderungen während einer kurzen Periode. Vorwiegende Eigenschaft des *Messens* (z. B. für die Betriebskontrolle), nicht die Eigenschaft des Repräsentierens.
Sie erhalten ihre Eigenschaft *nicht* durch Mittelwertbildung, da sie meist nur als Einzelgrößen und zwangsläufig anfallen.

Wesentlicher Unterschied gegenüber 1.:
Sie sind gewonnen durch besondere Auswahlverfahren und sind Werte mit *repräsentativer* Eigenschaft.
Keine Augenblicksmeßzahlen, sondern ausgestattet mit längerer zeitlicher Gültigkeitsdauer, zukunftweisend.
Auch für Planungszwecke und als Grundlage für Vorgabewerte.

Manchmal Zielsetzung nur noch als Fiktion im Sinne der theoretischen Idealprozesse in der Technik, die nicht erreicht werden können, aber als Maßbezugsgröße dienen. (Wirkungsgrade!)
Oft gegeben als natürliche oder technische Tatbestände, z. B. als technische Äquivalente.
Beispiel: Sollzahl für Maschinenausnutzung bei einschichtigem Betrieb: 8 Stunden.
Keine Repräsentanz mehr im Sinne statistischer Mittelwerte, sondern hauptsächlich benutzt als Maßbezugsgröße. (Ist-Soll-Quotienten und Gütezahlen auf der Basis der Sollzahlen werden dann < 1.)
Die Sollzahlen der Plankostenrechnung haben die aufgeführten Eigenschaften in milderer Form.

Bei zeitlichen (dynamischen) Reihen, die auch bei der Richtwertbildung eine Rolle spielen, ist das Erkennen der *Entwicklungstendenz* wichtig. Man wünscht für die Gegenwart einen ausgeglichenen Mittelwert und benutzt diesen, um mit Hilfe der Tendenz der Entwicklung einen Schluß für die Zukunft zu ziehen. Die für diesen Zweck zur Anwendung kommenden Verfahren sind

die Trendrechnung und
das Verfahren der gleitenden Durchschnitte.

Diese beiden Verfahren – in der Statistik ebenfalls elementar und gebräuchlich – können auch zur gleichmäßigen Ausrichtung von statischen Reihen benutzt werden.
Das Verfahren der gleitenden Durchschnitte ist wegen seiner numerischen Natur sehr einfach durchzuführen, und es liefert auch aussagefähige Kurvenzüge, wenn nicht durch die Wahl einer zu großen Klassenbreite (Zeitspanne) eine zu starke Einebnung stattfindet. Die Einfachheit und Anpassungsfähigkeit an empirische, gegebene Zahlenreihen begründen bei der Richtwertermittlung seine Überlegenheit gegenüber der mathematischen Trendrechnung, die nach LANGHEINRICH [26] nur dort verwertbar ist, wo ohnehin schon funktionelle Zusammenhänge (Maschinenarbeit) zu erwarten sind. Bei Vorgängen mit hauptsächlich menschlicher Betätigung versagt ihre Anwendung wegen der oft sprunghaften, wenn auch menschlich begründeten Veränderungen. Er betont, daß die Trendrechnung – ganz gleich welchen Grades – die Zahl der notwendigen vorher zu ermittelnden Einzelwerte nicht vermindern kann, wenn man zu sicheren Aussagen kommen will.

Die Techniken der Kennzahlenbildung und Richtwertermittlung sind damit durchgesprochen. Nach einer Erörterung der Frage der Bezugsgrößen und der Frage der Herkunft des erforderlichen Zahlenmaterials wurden zuletzt die Möglichkeiten der Mittelwertbildung bei statischen und dynamischen Zahlenfeldern beschrieben und kritisch untersucht. Nachdem so aufgezeigt ist, welche Voraussetzungen für die Richtwertbildung vorhanden sein müssen, und in welcher Art die Zahlen »verarbeitet« werden können, um hinreichend charakteristische Mittelwerte zu erhalten, möge abschließend versucht werden, die verschiedenen vorkommenden Bezeichnungen unter dem Gesichtspunkt ihres Begriffs- und Sinninhaltes zu systematisieren und zugleich eine Abstufung nach ihren verschiedenen Graden von Repräsentanz vorzunehmen.
Vorweggenommen seien die drei Stufen der Grundeinteilung dieser Systematik, die sich bei der Untersuchung herausgeschält haben:

1. Kennzahlen
2. Richtwerte
3. Sollzahlen

Die gedanklichen Zusammenhänge veranschaulicht die vom Verfasser aufgebaute Tabelle auf Seite 48/49, die ohne Erläuterung für sich sprechen möge. Die Zusammenstellung zeigt einen eigentümlichen Verlauf der Wirksamkeit zweier verschiedener Eigenschaften der zergliederten Begriffe: Während das

gewissermaßen »fordernde« Moment bei der Kennzahl als Meßzahl so gut wie nicht vorhanden ist, hat es beim Richtwert den Charakter einer Empfehlung und wird bei der Sollzahl zur strikten Zielsetzung, die sogar eine Fiktion sein darf. Der Grad der Repräsentanz (im Sinne des Typischen, Normalen) – als die zweite Eigenschaft – hat einen anderen Verlauf: Er ist bei der Kennzahl gering, beim Richtwert groß und bei der Sollzahl wiederum gering.
Mit der Kenntnis dieser Zusammenhänge dürfte es möglich sein, auch andere, vielleicht nicht berücksichtigte Begriffe in das vorliegende Schema ohne Schwierigkeiten nachträglich einzuordnen.

1.4 Methodische Möglichkeiten der Richtwertdarstellung

Die Darstellung der in irgendeiner Form gewonnenen Kennzahlen, Richtwerte oder Sollzahlen bereitet keine Schwierigkeiten, solange es sich um isolierte Einzelzahlen handelt. Besonders bei den technischen Richtwerten finden sich oft funktionale Zusammenhänge von Zahlen, die in einer für die Praxis möglichst zweckmäßigen Form dargestellt werden müssen.
Bei den Richtwerten in Form von Einzelzahlen treten aber schon Überlegungen auf, wieweit man den Streubereich der Ursprungszahlen gegenüber dem Richtwert mitdarstellen soll, um die Grenzen zum Schlechtesten oder Besten hin aufzuzeigen. Kubli [23/S. 263] berichtet, daß bei den vom Betriebswissenschaftlichen Institut der E. T. H. Zürich durchgeführten Vergleichen neben den Durchschnittswerten auch noch die Höchst- und Niedrigstwerte bzw. die zweithöchsten und zweitniedrigsten Werte angegeben wurden. Auch Schott [46/S. 573] empfiehlt,

»... neben den Durchschnittszahlen die oberen und unteren *Grenzwerte* aufzuführen. Das zeigt den Spielraum an und erleichtert die individuelle Auswertung.«

Um den Charakter des Zukunftweisenden, Anspornenden noch entschiedener zu betonen, erscheint es jedoch zweckmäßig, den schlechtesten Wert fortfallen zu lassen und nur noch den Richtwert und – nach der im letzten Abschnitt erarbeiteten Begriffsgliederung – den Sollwert in der Form des wirklich erreichbaren Bestwertes herauszustellen, den letzteren vielleicht in Klammern:

40	(55)
repräsentativer Mittelwert	wirklich erreichter Bestwert

Statt des Bestwertes die *Streuung* anzugeben, wäre zwar statistisch eindeutig, käme aber den an einen Richtwert gestellten Anforderungen weniger nach als die Angabe eines wirklich erreichten Bestwertes.
Bei umfangreicherem Zahlenmaterial, funktionalen Zusammenhängen und bei Abhängigkeit der Werte von einer oder mehreren Veränderlichen wird man zunächst die angefallenen Zahlen in *Tabellen* ordnen müssen. Auch für die Wieder-

gabe der durch Auswahlverfahren gewonnenen Richtwerte wird sich als erstes die Tabellenform anbieten. Diese und alle weiteren möglichen Darstellungsarten sollen hier nur aufgezählt werden, damit in einem konkreten Falle die zur Verfügung stehenden Verfahren bekannt sind. Eine genaue Beschreibung der Verfahren würde den Rahmen der Arbeit zu weit ziehen, weshalb hierfür auf die Fachliteratur [44, 47] verwiesen werden muß.

Funktionen zweier Veränderlicher (einer unabhängigen Veränderlichen) ergeben Tabellen mit einem Eingang, das heißt: In einer Spalte stehen die Werte der unabhängigen und in der Spalte daneben die der abhängigen Veränderlichen.

Bei drei Veränderlichen (zwei unabhängigen Veränderlichen) spricht man von Tabellen mit zwei Eingängen; die unabhängigen Veränderlichen stehen am Rand in der waagerechten Zeile und der senkrechten Spalte. Das ganze Zahlenfeld in der Mitte ist dann mit den Funktionswerten (der abhängigen Veränderlichen) ausgefüllt.

Die Vorzüge der Tabelle sind [47/S. 11) ihre unbegrenzte Genauigkeit und das Vermögen, sehr viele Werte aufnehmen zu können. Ihre Mängel liegen in dem sprungweisen Fortschreiten der Werte, das oft Interpolationen nötig macht, und in der feststehenden Ableserichtung. Man kann nämlich nur Werte der abhängigen Variablen für gegebene Werte der unabhängigen Variablen ohne weiteres ablesen, nicht umgekehrt.

Um Funktionsverläufe sichtbar zu machen, bedient man sich der graphischen Darstellung und hat damit den Vorteil gegenüber der Tabelle, das Wesentliche eines Zusammenhanges einprägsam vor Augen zu führen. Bei Funktionen zweier Veränderlicher ist die *Kurve im kartesischen Netz* die verständlichste Darstellungsart; bei drei Veränderlichen kommt man zu *Kurvenscharen*, in denen die dritte Veränderliche als Parameter auftritt, wenn man sich nicht räumlicher Diagramme bedienen will.

Die Kurve entsteht nun meistens aus – gegenüber dem Kurvenverlauf – streuenden Tabellenwerten; sie soll jedoch möglichst nahe an diesen vorbeigehen. Die Verfahren, um den geeigneten Kurvenverlauf zu finden, sollen hier nicht in den Einzelheiten durchgesprochen werden. Aufgezählt seien nur die schon früher aufgeführte

Trendrechnung und
das Verfahren der gleitenden Durchschnitte.

Außerdem kämen noch in Frage

die Kurvenbestimmung durch Schwerpunktsbildung,
die Mittelwertbildung durch Zwickelausgleich und
das Ziehen der Kurve nach Augenmaß.

Kommt es weniger auf Anschaulichkeit als auf leichte Ablesbarkeit an, dann kann man sich die Hilfsmittel der *Nomographie* zunutze machen[1]; dem zweidimensio-

[1] Dem die Nomographie betreffenden Teil dieses Abschnittes lag als Literatur vorwiegend das Werk von R. SCHROEDER »Praktische Einführung in die Nomographie« [47] zugrunde.

nalen Diagramm und der Tabelle mit einem Eingang entspricht dann die *Doppelleiter*, die besonders für den praktischen Gebrauch die leichte Ablesbarkeit sicherstellt. Wenn die Tabellenwerte nicht eng genug gestaffelt sind und der funktionale Zusammenhang nicht durch eine exakte Gleichung gegeben ist, dann muß eine solche Doppelleiter auf graphischem Wege hergestellt werden, indem die Abszisse über den Kurvenzug auf die Ordinate projiziert wird.
Mit der graphischen Methode kann eine beliebige Verdichtung der übertragenen Teilung erreicht werden. Die Doppelleiter ist jedoch nur bei monoton wachsenden oder fallenden Funktionen anwendbar. Für den Fall linearer Abhängigkeit zeigen beide Leitern *Gleichschritt-Teilung*. Die Verzerrung einer Gleichschritt-Teilung durch Projektion über einen Kurvenzug führt bei mathematisch definierten Funktionen schließlich zu sogenannten *Funktionsleitern*.

Funktionen dreier und mehrerer Veränderlicher sind bei technischen Vorgängen nichts Seltenes, weshalb auch für die hierauf bezüglichen Richtwerte eine geeignete Darstellungsweise gefunden werden muß.
Die Leitertafel – mit zwei Veränderlichen – war ein eindimensionales Nomogramm; Funktionen mit drei Veränderlichen führen zu zweidimensionalen Nomogrammen (Rechentafeln); diese entstehen, wenn Leitern zu ebenen Figuren aller Art zweckmäßig zusammengefügt werden. Die Funktion wird in einer Anzahl von Doppelleitern dargestellt, welche den Spalten einer Tabelle mit zwei Eingängen entsprechen.
Übersichtlicher und anschaulicher ist die Nomogrammform der *Netztafel*, in der der funktionale Zusammenhang dreier Veränderlicher gezeigt werden kann. Die Netztafel kann auch für Funktionen mit mehr als drei Veränderlichen benutzt werden, indem man diese in Teilfunktionen mit nur drei Veränderlichen zerlegt und die einzelnen Netztafeln hintereinander schaltet.
Schwierig und oft unmöglich ist das Zerlegen, wenn in der Ausgangsfunktion Summen *und* Produkte von Veränderlichen gleichzeitig vorkommen, und dann, wenn ein und dieselbe Veränderliche in der Ausgangsfunktion mehrmals vorkommt, ohne daß der Ausdruck sich mit einfachen Mitteln weiter vereinfachen ließe [47/S. 61].
Teilfunktionen in Form von Produkten oder Quotienten werden durch Logarithmieren zu Summen oder Differenzen umgewandelt und sind in der nomographischen Behandlung so nur eine Modifikation der letzteren, wenn man statt der kartesischen Koordinatenteilung die logarithmische Teilung einführt.
Netztafeln vermögen bei geschickter Anordnung – und hinreichend enger Staffelung besonders der in Kurvenscharen als Parameter auftretenden Werte – sehr viel Rechenarbeit zu ersparen. Ohne ein Hilfsmittel zum Ablesen und ohne Einzeichnen der ermittelten Zwischenpunkte in die Tafel wird man allerdings kaum auskommen.

Die Darstellung von Richtwerten in einer für die praktische Benutzung besonders zeitsparenden Form ist in der Nomographie die *Fluchtentafel*. Deren Anwendungsmöglichkeiten sind zwar begrenzter als die der Netztafeln, aber die mit ihrer Hilfe erreichbare Rechen- und Ablesevereinfachung ist so groß, daß die Möglichkeit der Darstellung in Fluchtentafeln in jedem Falle vorher geprüft werden sollte. Grundbedingung bleibt für deren Anwendung, daß sich – bei gradlinigen Leitern – ein funktioneller Zusammenhang in die Form:

$$f(z) = f(x) + f(y)$$

bringen lassen muß.

Damit sind die elementaren Möglichkeiten der Nomographie, soweit sie für die Darstellung von Richtwerten im Betriebe praktisch und einfach ausschöpfbar erschienen, durchgesprochen. Alle aufgezählten Nomogrammarten sind miteinander kombinierbar, und es ist möglich – und manchmal nötig –, innerhalb einer Vertafelung von einer Diagrammform zu anderen überzugehen.

Ein weiterer Schritt der Anwendung von Funktionsleitern wären die *Sonderrechenschieber*. Da deren Eigenherstellung jedoch in den seltensten Fällen von einem Einzelbetrieb für den innerbetrieblichen Gebrauch angestrebt werden wird, soll hier auf sie nicht eingegangen werden.

Für die Kennzahlen- und Richtwertdarstellung bleiben noch die *graphisch-veranschaulichenden Möglichkeiten* aufzuzählen, die durch optisch-symbolische Wirkung schnell das Wesentliche aufzeigen. Diese Darstellungsart wird in der publizierenden Statistik gern benutzt.

Für die Zahlengruppe der absoluten Zahlen empfehlen sich Rechtecke mit gleicher Basis (Stabdiagramme) oder zweidimensionale Schaubilder (Kreise, Quadrate, Rechtecke mit unterschiedlicher Grundfläche).

In der Zahlengruppe der Relativzahlen, insbesondere der Gefügezahlen, sind relative Unterschiede (Strukturunterschiede)

»... am besten zu erkennen, wenn man *gleich große* Rechtecke oder Kreise wählt und diese entsprechend den Anteilen der einzelnen Größen an der Gesamtmasse aufteilt. Die absoluten Unterschiede werden in diesem Falle nicht dargestellt.« [44/S. 252.]

Es möge ergänzt werden, daß die Darstellung von Gefügezahlen in Kreisdiagrammen deren Aussagewert im Sinne eines »*nur*-anders-als« (statt eines »besser-als« oder »schlechter-als« wie bei den Gütezahlen) noch verstärkt.

Die letzte Steigerung an begrifflicher Anschaulichkeit sind *Bilddiagramme*, wo das gemessene Objekt selbst als Darstellungssymbol herangezogen wird. Sie sind

»... für populäre Darstellungen oft recht instruktiv, für Betriebsvergleiche jedoch nur bedingt geeignet. Dabei muß stets festgelegt werden, ob diese Bilder ein-, zwei- oder dreidimensional gemeint sind.« [44/S. 254.]

Die mannigfachen Möglichkeiten der Richtwertdarstellung sind damit in gedrängter Form erörtert. Ausgehend von der zweckmäßigsten Form der

Angabe eines Einzelrechtwertes, leiteten
Tabelle und
Kurve

zur Darstellung mehrerer, funktional abhängiger Werte über. Die daran anschließenden Hilfsmittel der *Nomographie*, wie

die Doppelleiter,
die Funktionsleiter,
die Netztafel und
die Leitertafel,

wurden lediglich im Hinblick auf ihre praktische Verwertbarkeit kurz erläutert. Abschließend wurde auf die Möglichkeiten *schaubildlicher* Darstellungsweisen von Kennzahlen und Richtwerten eingegangen. Hier handelt es sich um

Stäbchendiagramme,
Kreisdiagramme und
Bilddiagramme.

Nach den systematisierenden und gliedernden Überlegungen des zweiten Abschnitts und nach Klärung der Auswahl- und Bewertungsfragen im dritten Abschnitt sind mit der Durchsprache der methodischen Darstellungsmöglichkeiten von Richtwerten jetzt alle grundlegenden Voraussetzungen geschaffen, um an einem technischen Betriebs- und Verfahrensvergleich die praktischen Möglichkeiten und Grenzen deren Ermittlung zu untersuchen.

2. Versuch einer praktischen Richtwertermittlung durch einen Betriebs- und Verfahrensvergleich in der Zahnradfertigung

2.1 Betriebs- und Verfahrensvergleich in der Zahnradfertigung Möglichkeiten zur Kennzahlen- und Richtwertbildung

Die Notwendigkeit des Vergleichens bei den Auswahlverfahren zur Ermittlung von Richtwerten wie auch die nachträgliche Benutzung solcher Werte wiederum für Vergleichszwecke begründen schon hinreichend, warum Richtwertbildung und Betriebsvergleiche so unmittelbar miteinander verflochten sind. HENZEL [18/S. 52] ist der Ansicht, daß die leistungsmäßige Beurteilung eines Betriebes überhaupt erst durch einen Betriebsvergleich ermöglicht wird, und EULER [12/S. 56] sieht die Kennzahlen von vornherein unter dem Aspekt eines Hilfsmittels zur qualitativen Beurteilung von Arbeitsweisen, Leistungen und Betrieben. Beide Anschauungen sind für einen speziellen Bereich die Bestätigung des allgemeinen Satzes, daß jede Urteilsbildung in starkem Maße der Hilfe des Vergleichens – und anschließenden Abwägens – bedarf.
Unter den möglichen Arten von Betriebsvergleichen war die Hauptunterteilung in innerbetriebliche Vergleiche einerseits und überbetriebliche Vergleiche andererseits schon gegeben worden. Innerbetriebliche Vergleiche finden im gleichen Betrieb zu verschiedenen Zeitpunkten statt und vergleichen den Status oder die Veränderungen nach bestimmten Zeitspannen. Dieser Vergleich wird auch als »Zeitvergleich« bezeichnet.
Über- oder zwischenbetriebliche Vergleiche finden zwischen mehreren Betrieben statt und geben vor allem deshalb bessere Aufschlüsse, weil durch sie manche eingebürgerte Betriebseigenheiten, die innerhalb des Einzelbetriebes als normal oder gar als gut galten, ihre Korrektur finden und durch den Vergleich an einem Teil der überhaupt vergleichbaren Grundgesamtheit (z. B. der Branche) die Lage des wirklich Normalen und Guten erst sichtbar wird. Auf Kennzahlen bezogen bedeutet das:
Der innerbetriebliche Vergleich mag zwar durchaus für den Betrieb charakteristische Maßzahlen (Kennzahlen) liefern, jedoch fehlen für den damit durch Zahlen beschriebenen Beurteilungsgegenstand die hinreichend repräsentativen *Maßbezugsgrößen*; für eine Kennzahl als »Ist« im Zähler fehlt das begründete »Soll« als Richtwert im Nenner.
Nun sind die meisten der in der Literatur beschriebenen Betriebsvergleiche solche betriebswirtschaftlicher Art, d. h. ihre Maßzahlen sind Kosten, Preise und Werte. Die möglichen Vergleichsgegenstände sind dabei so zahlreich, wie die im Abschnitt 12 aufgeführten betriebswirtschaftlichen Kennzahlen, jedoch machen

Kostenartenvergleiche,
Kostenstellenvergleiche und
Kostenträgervergleiche

den Hauptteil aus. Der Grund dafür mag darin zu suchen sein, daß die zu den ersten beiden Vergleichsarten nötigen Zahlen aus der Buchhaltung bzw. aus dem Betriebsabrechnungsbogen entnommen werden können oder aus ihm nach Umformung zu gewinnen sind.

An der dritten Vergleichsart besteht vom Betrieb her besonderes Interesse, weil es sich hier um einen Vergleich von Aufwendungen für seine hervorgebrachten Güter oder Dienstleistungen handelt, die auf dem *Markt* ohnehin mit denen anderer Betriebe verglichen werden. Den Kostenartenvergleichen – als Gefügezahlenvergleiche – wird von LEHMANN eine ausgesprochen niedrige Rangordnung zuerkannt [27/S. 152], während er die Kostenstellenvergleiche höher bewertet, sofern die Kosten dabei auf die spezifische Leistung bezogen werden und damit in Form von *Gütezahlen* zum Vergleich stehen. Kostenträgervergleiche endlich bezeichnet er als Wirtschaftlichkeitsvergleiche hohen Ranges.

Die Kostenträgervergleiche sind in der Literatur unter den verschiedensten Bezeichnungen zu finden. Da es nicht darauf ankommt, für ein Erzeugnis nur dessen Selbstkosten insgesamt oder gar nur dessen Preis zu vergleichen, sondern die Einzelheiten aufzuzeigen, so führt ein solcher Vergleich in der Zergliederung der Kosten zur Bekanntgabe der Kalkulationsweisen der Betriebe. FECHTNER [13/S. 106] und SCHULZ-MEHRIN [48/S. 54] sprechen deshalb von Kalkulationsvergleichen. Andere Bezeichnungen sind: Artikelkostenvergleiche [50/S. 761], Artenvergleiche [27/S. 139] oder Erzeugnisvergleiche.

Eine weitere Vergleichsmöglichkeit wäre die Gegenüberstellung von *Kennzahlen*, die nach ihrer Herkunft der Betriebsstatistik zuzuordnen wären und jetzt einmal einschränkend als Verhältniszahlen verstanden seien. Deren repräsentativer Mittelwert aus mehreren Betrieben wäre zum Beispiel eine Branchenkennziffer.

Der Kennzahlenvergleich setzt mit der Forderung nach sorgfältigen Mengenaufschreibungen einen gewissen Vollkommenheitsgrad des Rechnungswesens voraus, liefert aber nur abstrakte, wenig anschauliche Zahlen, die in ihrer Prägnanz zwar die Unterschiede aufzeigen, aber noch keine genauen Hinweise für Verbesserungen geben.

Der Kalkulationsvergleich – als Vergleich der Aufwendungen an gleichen oder vergleichbaren Erzeugnissen – erscheint demgegenüber am anschaulichsten und vor allem für die Übertragung von Verfahrensverbesserungen am nützlichsten, wenn nur der technische Vorgang durch Zahl und Beschreibung möglichst eindeutig gekennzeichnet wird. Eine *Standardkostenrechnung* gestattet dann, nachträglich durch einheitliche Bewertung der technisch-mengenmäßigen Daten einen überbetrieblichen Vergleich der Verfahren hinsichtlich der *Wirtschaftlichkeit* durchzuführen. Dessen Aussage ist zwar nicht absolut gültig, weil nicht das Bewertungsprinzip eines konkreten Einzelbetriebes zugrunde gelegt wird, aber diese Einschränkung ist klein gegenüber jenen Einschränkungen, die man beim Gegenüberstellen von nur technisch-mengenmäßigen Daten oder nur Zeiten als Beurteilungsgrundlage machen müßte.

Diese Überlegungen fanden bei dem vom Forschungsinstitut für Rationalisierung an der Technischen Hochschule Aachen durchgeführten Betriebs- und Verfahrensvergleich in der Zahnradherstellung [29] ihre Berücksichtigung. Der Ver-

fasser hat seine Mitarbeit an diesem Vergleich[2] dazu verwertet, vorzugsweise das Mengengerüst des so gewonnenen umfangreichen Zahlenmaterials im Hinblick auf die Möglichkeiten zur Kennzahlen- und Richtwertbildung zu untersuchen und zugleich den bisherigen Stand der Anwendung von fertigungstechnischen Richtwerten in dieser Branche zu ermitteln.
Der Forschungsbericht über den Betriebsvergleich, der die Grundlagen, die methodischen Überlegungen und Beispiele der praktischen Durchführung enthält [29], muß wegen der sachlichen Beschränkung dieser Arbeit als Literaturquelle vorausgesetzt werden. Die vollständigen Unterlagen des Vergleichs sind ohnehin nur den beteiligten Firmen zugänglich gemacht worden. An zehn Vergleichsobjekten (Zahnrädern) – mit im Durchschnitt zehn Vergleichsteilnehmern für ein Rad – wurde ein Querschnitt durch die Herstellverfahren von insgesamt zwanzig Betrieben gegeben.
Für den Zweck der vorliegenden Arbeit genügt es, nur die methodischen Überlegungen beim Aufstellen der *Formblätter* für den Vergleich mitzuteilen. Später werden sich an diesem Erfassungsgerüst die Möglichkeiten zur Kennzahlenbildung gut demonstrieren lassen.

Die Grundkonzeption war darauf gerichtet,

zunächst neben der Erfassung der Arbeitszeiten deren Entstehung in den Einzelheiten möglichst so genau zu beschreiben, daß aus den Angaben allein schon ohne Rückfragen Rationalisierungshinweise entnommen werden können;

zum anderen sollten die Daten so vollständig vorliegen und geordnet sein, daß von ihnen aus der Anschluß an eine vergleichende Kostenrechnung leicht möglich sei.

Mit dem zweiten Gesichtspunkt wurde hier für die Zwecke der Vergleichbarkeit ein Weg beschritten, der auch für die Kennzahlen schon als Postulat herausgestellt war, nämlich die Trennung der technischen Größen und Mengengrößen von denen wertmäßiger Natur, um die Veränderungen auf jeder Seite gesondert für sich verfolgen zu können.
Im Mittelpunkt der Erfassung stand der Fertigungsplan der technischen Kalkulation, wie er umseitig als Beispiel gezeigt wird. Die Köpfe der Erfassungsformulare für die Maschinen und Werkzeuge schließen daran an.
Nach einer Angabe über den Arbeitsgang wird das benutzte Betriebsmittel nur durch Kurzbeschreibung und Kurzzeichen angegeben, ebenso die Werkzeuge, da sie auf gesonderten Formularen erfaßt werden.
Spalte 5 enthält die Zahl der zu bedienenden Maschinen. Bei Mehrmaschinenbedienung war hier auch der Reduktionsfaktor anzugeben, mit dem die Maschinenlaufzeit multipliziert wird, um die dem Arbeiter bezahlte Zeit zu erhalten.
Spalte 6 gab die Lohngruppe entsprechend den im Jahre 1943 eingeführten Merkmalen des »Lohngruppenkatalogs Eisen und Metall« an. Über die Lohngruppen ließ sich für den Kostenvergleich die Stufung der Stundenlöhne festlegen.

[2] Der Vergleich wurde insgesamt vier Mitarbeitern des Forschungsinstituts unter Leitung von Herrn Professor Mathieu durchgeführt. (Siehe auch Literaturverzeichnis [29].)

Die nun folgende Aufteilung in Arbeitsstufen war für eine genaue Verfahrensbeschreibung notwendig. Nach den technologischen Angaben, wie

Durchmesser (∅),
Drehzahl (n),
Schnittgeschwindigkeit (v),
Vorschub (s),
Spantiefe (a),
Zahl der Schnitte (i) und
Schnittweg in Vorschubrichtung (l),

folgten die zeitmäßigen Angaben nach der REFA-Terminologie:

Hauptzeit (t_h),
Nebenzeit (t_n),
Grundzeit (t_g),
Verteilzeit (t_v),
Rüstzeit (t_r) und
Vorgabezeit (T_E) je Einheit (nicht nach REFA).

Für methodische Vergleiche wurde nur die tatsächlich im Durchschnitt gebrauchte Zeit für brauchbar erachtet. Da manche Betriebe noch bewußt Mehrverdienstzuschläge (t_m) in Form von Zeiten zu der Vorgabezeit hinzurechneten und auch bei anderen Betrieben die Verdienste insgesamt über dem Akkordrichtsatz lagen, also im Durchschnitt mehr als 60 Akkordminuten je Stunde verrechnet wurden, galt es, aus den Gesamtzeiten auf die tatsächlich gebrauchten Zeiten zurückzuschließen.
Der obige Sachverhalt wird nach dem REFA-System durch den Zeitgrad ausgedrückt:

$$\text{Zeitgrad} = \frac{\text{Vorgegebene Zeit}}{\text{Verbrauchte Zeit}} \cdot 100\ (\%)$$

Dieser Zeitgrad wurde in den Betrieben möglichst je Arbeitsplatz, sonst aber je Abteilung oder je Betrieb erfragt, oft unter Zuhilfenahme der Lohnabteilung.
Die Reduktion von (T_E) mit Hilfe des Zeitgrades auf (T_{eff}) als im Durchschnitt wirklich gebrauchte Zeit ergibt eine vergleichbare Maschinenzeit, die später auch in die Maschinenkostenrechnung eingeht.
Die mit dem Mehrmaschinenbedienungsfaktor reduzierte Zeit (T_E) führt zu der dem Arbeiter bezahlten Zeit (T_B), die in der Kostenrechnung als Fertigungslohnanteil der Herstellkosten erscheint.

Die erste Ergänzung der Fertigungspläne waren die Tabellen der Maschinen: Nach ihren Kurzzeichen und mehreren beschreibenden Angaben (Maschinenart, Fabrikat und Typenbezeichnung, Arbeitsbereich, Kühlmittel, Baujahr) folgen Daten für eine spätere Kostenrechnung: Die installierte Leistung für die Stromkosten und die Zahl der Schichten für die Abschreibungssätze. Die nochmalige Aufführung der Verteilzeit (t_v) und des Mehrmaschinenfaktors diente für Vergleichszwecke.

Fertigungsplan, Betrieb:			Vergleichsobjekt Nr.:			Material:							Stückzahl:					Blatt:				
1	2	3	4	5	6	7	8	9	10	11	12	13	14	15	16	17	18	19	20	21	22	23
Lfd. Nr.	Arbeits-gang	Betrm. (M)	Werkz. (W) Vorr. (V)	Z	L	Lfd. Nr.	Arbeits-stufe	⌀	n	v	s	a	i	l	t_h	t_n	t_g	t_v	t_r	T_E	T_{eff}	T_B

Maschinendaten, Betrieb:										Blatt:
Kurz-zeichen	Maschinenart	Fabrikat und Typenbez.	Arbeitsbereich	Kühl-mittel	Install. Leistung (kW)	Baujahr	Zahl der Schicht.	t_v (%)	Mehr-masch.-Faktor	Be-merkungen

Werkzeugdaten, Betrieb									Blatt:
Kurz-zeichen	Art des Werkzeuges	Ab-messungen	Werkstoff	Fabrikat	Werkzeug-winkel	Standzeit-kriterium	Standzeit und Abschliff	Zahl der möglichen Nachschliffe	Be-merkungen

Zwei auf dem Formular nicht angegebene Daten wurden von jeder Maschine für eine Kostenrechnung noch zusätzlich erfaßt:

der Platzbedarf für die später zu ermittelnden Raumkosten und
der Wiederbeschaffungswert als Grundlage für die kalkulatorische Abschreibung und Verzinsung.

Die zweite Ergänzung der Fertigungspläne waren die Tabellen der benutzten Werkzeuge: Wiederum standen hier nach dem Kurzzeichen aus dem Fertigungsplan zunächst die beschreibenden Daten:

Art des Werkzeuges,
Abmessungen,
Schaft- und Schneidenwerkstoff,
Fabrikat,
wichtigste Werkzeugwinkel.

Für eine Kostenrechnung folgten dann Angaben über Leistung (Lebensdauer) der Werkzeuge und ihren Unterhaltungsaufwand. Standzeit und Zahl der Nachschliffe während der Gesamtlebensdauer sind die Angaben, mit denen sich der Werkzeugkostenanteil eines Arbeitsganges ermitteln läßt, wenn man außerdem noch den Werkzeugwiederbeschaffungswert und den Werkzeugrestwert kennt. Die beiden letzteren Werte sind auf der beschriebenen Tabelle, die nur technische Angaben enthalten sollte, nicht aufgeführt. Sie wurden aber von jedem Werkzeug mit erfaßt und treten erst bei der späteren Kostenrechnung in Erscheinung.
Die Angaben des Standzeitkriteriums und des Abschliffs je Nachschliff sollten die Standzeitangaben unterbauen, und sie dienten gewissermaßen als Vorfragen, denn bei deren Ermittlung zeigten sich große Schwierigkeiten. Hier erwiesen sich die Unterlagen der Betriebspraxis als besonders mangelhaft, und ein Wert war oft nur durch einkreisendes Befragen zu erhalten, wobei auf die jeweiligen Schnittbedingungen in den Fertigungsplänen und die Werkstoffe der Vergleichsobjekte Bezug genommen wurde. Die Daten sind zur Beurteilung des Werkzeugverbrauchs bei spanenden Arbeitsverfahren aber unbedingt notwendig, wenngleich sie bei der Erhebung meist nur den Charakter von Anhaltswerten besaßen. Für die Errechnung der Instandhaltungskosten der Werkzeuge wurde neben den in der Tabelle angegebenen Werten noch der Zeitverbrauch je Nachschliff erfragt.
Damit ist die Art der Erfassung in den wesentlichen Grundzügen beschrieben. Die Mühe, die gewünschten Angaben zu erhalten, war oft beträchtlich, aber für die Zwecke der vorliegenden Arbeit ergaben sich so immer wieder Ansatzpunkte zu Überlegungen, wo die angemessenen Möglichkeiten und Grenzen der Kennzahlen- und Richtwertermittlung in der Fertigung liegen.
Die Art, wie die Gegenüberstellung der ermittelten Werte gehandhabt wurde, ist für die vorliegende Arbeit ohne Bedeutung; hingegen ist es notwendig, den Rechnungsgang des anschließenden Kostenvergleichs wiederzugeben.
Es waren aus den gesammelten technisch-mengenmäßigen Angaben zunächst die Maschinen- und Werkzeugstundenkosten zu errechnen, die dann in einem Ferti-

Werkzeugkosten je Hauptzeitstunde, Betrieb:			Kostenstandard der Schleiferei: 6,50 DM/h								Blatt:
1	2	3	4	5	6	7	8	9	10	11	12
			Instandhaltungskosten			Beschaffungswert					
Kurzzeichen	Art des Werkzeuges und Abmessungen	Standzeit (h)	Zahl der möglichen Nachschliffe	Zeit je Nachschliff (min)	(DM)	Anschaffungswert (A) (DM)	Restwert (R) (DM)	(A)–(R) (DM)	Kosten über Gesamtlebensdauer 6 und 9 (DM)	Lebensdauer aus 3 und 4 (h)	Kosten je Hauptzeitstunde 10 : 11 (DM/h)

Maschinenstundenkosten, Betrieb:																			Blatt:	
Kostenstandards:		Strom 0,09 (DM/kWh)			Raum = 2,50 (DM/m² u. Monat)				Zins = 6%/Jahr vom Wiederbeschaffungswert bei 1-Schicht-Betrieben						1 Schicht entspricht 2200 Jahresstunden					
1	2	3	4	5	6	7	8	9	10	11	12	13	14	15	16	17	18	19	20	21
		Stromkosten			Raumkosten			Kalk. Abschreibung				8 + 12 bei Mehrschichtbetrieb							Gesamtkosten	
Kurzzeichen	Maschinenart und Fabrikat	Installierte Leistung (kW)	Ausnutzungsgrad (%)	(DM/h)	Netto-Flächenbedarf (m²)	Zuschlagsfaktor	Bei 1-Schicht-Betrieb (DM/h)	Kalkulatorischer Wiederbeschaffungswert (DM)	%/Jahr (%)	(DM/h)	Kalk. Zinsen (DM/h)	Zahl der Schichten	Reduktionsfaktor für 8	8 reduziert (DM/h)	Reduktionsfaktor für 12	12 reduziert (DM/h)	8 + 12 reduziert (DM/h)	5 + 11 + 18 (DM/h)	Restgemeinkosten nach 11 (DM/h)	19 + 20 (DM/h)

Fertigungskosten, Betrieb:			Vergleichsobjekt, Nr.:				Material:					Stückzahl:				Blatt:	
1	2	3	4	5	6	7	8	9	10	11	12	13	14	15	16	17	18
			Maschinenkosten			Lohnkosten						Werkzeugkosten					
Laufende Nummer	Arbeitsgang	T_{eff} (min)	Maschinen-Nr.	Kosten je Maschinenstunde (DM/h)	Je Arbeitsgang aus 3 und 5 (DM)	Lohngruppe	Stundenlohnstandard (DM/h)	Zahl der zu bedienenden Maschinen	Standardisierter Mehrmaschinen-bed.-Faktor	T_{Beff} (min)	Lohn je Arbeitsgang aus 8 und 11 (DM)	Werkzeug-Nr.	th je Werkzeug (min)	Werkzeugkosten je Hauptzeitstunde (DM/h)	Kosten je Werkzeug (DM)	Je Arbeitsgang (DM)	Fertigungskosten je Arbeitsgang 6 + 12 + 17 (DM)

gungskostenplan – wie im Fertigungsplan geordnet nach den Arbeitsgängen – mit den Lohnkosten zu den Gesamtfertigungskosten des Verfahrens zusammengesetzt wurden.
Die von den Untersuchenden entwickelten Formulare gestatteten den unmittelbaren Anschluß an die entsprechenden Werkzeug-, Maschinen- und Fertigungspläne des Zeitvergleichs. Wie die umseitigen Formularköpfe [29] zeigen, sind für diesen Zweck kurze, beschreibende Angaben übernommen worden.
Die Formulare mögen im wesentlichen für sich sprechen. Dabei sei die Aufmerksamkeit nochmals auf die hier strikt durchgeführte Trennung von Mengen- und Wertgrößen gelenkt. Die Verbindung zwischen beiden wird durch einen Kostenstandard hergestellt, der eine auf die technische Einheit bezogene Wertgröße ist. (Alle standardisierten Größen sind durch einen dicken Strich gekennzeichnet. Bei den Preisgrößen, die durch eine gestrichelte Linie hervorgehoben sind, wurde eine abgemilderte Standardisierung in Form einer gleichmäßigen Ausrichtung vorgenommen.)
Bei den *Werkzeugstundenkosten* wird unterschieden zwischen den Instandhaltungskosten und den Beschaffungskosten, die durch die Differenz von Anschaffungs- und Restwert gefunden werden. Die Beschaffungskosten zeigen also die Wertminderung des Werkzeuges während der Lebensdauer an. Zusammen mit den Instandhaltungskosten ergeben sie die Gesamtwerkzeugkosten. Dividiert man diese durch die Gesamtlebensdauer des Werkzeuges, so ergeben sich dessen Kosten je Stunde.
Die Kosten der Werkzeugwechselzeiten sind hier nicht gesondert berücksichtigt, da sie bei der Erfassung zu den Nebenzeiten im Fertigungsplan gehörten und schon dort in die Fertigungskosten eingehen.
Die *Maschinenstundenkosten* sind in der Art einer Platzkostenrechnung möglichst weit aufgegliedert. Dabei sind die dem Verfahren direkt zurechenbaren Kosten gegliedert in

1. Stromkosten,
2. Raumkosten,
3. Kalkulatorische Abschreibungen und
4. Kalkulatorische Zinsen.

Bei den Rechnungen und Standards ist ein einschichtiger Betrieb (2200 h/Jahr) vorausgesetzt. Deshalb ist der 2. und 4. Posten, als ganz oder zum Teil kalenderzeitabhängig, bei mehrschichtigem Betrieb mit einem Reduktionsfaktor zu multiplizieren. Die kalkulatorischen Zinsen vermindern sich voll umgekehrt proportional der Schichtzahl, die Raumkosten weniger, weil in ihnen Anteile enthalten sind, die nutzungszeitabhängig sind und deshalb auch bei mehrschichtigem Betrieb konstant bleiben.
Der am Ende der Rechnung zuzurechnende Restgemeinkostensatz beinhaltet alle jene betrieblichen Aufwendungen, die dem Verfahren nicht unmittelbar zuzurechnen sind (z. B. Hilfsstoffe, innerbetrieblicher Transport, Vorrichtungskonstruktion usw.).

Die Aufstellung enthält nicht den Stundenlohn des Maschinenarbeiters, obgleich dieser hier auch einbegriffen werden könnte. Dessen Zuordnung wird auch in der Praxis verschieden gehandhabt. Für den Vergleich wird er erst bei der Gesamtrechnung der Fertigungskosten hinzugezogen.
Mit den gegebenenfalls noch auftretenden Vorrichtungskosten, die in Kosten je Stück auszudrücken wären, sind alle Vorrechnungen geleistet, um zur Zusammenstellung der Gesamtfertigungskosten zu kommen.
Der Fertigungsplan bedarf hiernach nur noch weniger Erläuterungen:

Die Maschinenkosten sind abhängig von der im Fertigungsplan (Zeitplan) als vergleichbar errechneten, im Durchschnitt tatsächlich gebrauchten Zeit »T_{eff}«.

Bestimmende Zeitgröße bei den Lohnkosten ist die dem Arbeiter bezahlte Zeit »T_B«. Sie besteht aus der üblicherweise voll angerechneten Rüstzeit (t_r) und der um die Rüstzeit verminderten Vorgabezeit ($T_E - t_r$), die mit einem Mehrmehrmaschinenbedienungsfaktor zu reduzieren war. Um das Prinzip der einheitlichen Bewertung aufrechtzuerhalten, war dieser Reduktionsfaktor zu standardisieren. Beide Anteile von »$T_{B\,eff}$« waren für die Vergleichbarkeit noch durch den Zeitgrad zu dividieren, womit die Behandlung dieser Zeit der von »T_{eff}« entsprach.
Die Werkzeugkosten sind abhängig von der Hauptzeit »t_h«, die mit der Eingriffszeit des Werkzeugs gleichgesetzt sei. Die Hauptzeit ist zwar bei einer Zerspanung mit intermittierendem Werkzeugeingriff nicht gleich der Eingriffszeit. Die Abhängigkeit von »t_h« bleibt aber trotzdem bestehen.

Den gedanklichen Zusammenhängen beim Aufstellen dieser Formulare läßt sich auch eine mathematische Fassung geben, und an ihr mögen dann – mit Rückblick auf die beschriebene Auswertungsmethodik – die Möglichkeiten zur Richtwertermittlung diskutiert werden.

Werkzeugkosten:

Es mögen bedeuten:

K_w = Werkzeugkosten
W_a = Wert des neuen Werkzeugs
W_u = Restwert des verbrauchten Werkzeugs
n_s = Zahl der möglichen Nachschliffe je Werkzeug
W_s = Kosten je Nachschliff, die zerlegt werden in das Produkt aus Zeit je Nachschliff (t_s) mal Kostenstandard der Werkzeugmacherei (C_W) in (DM/h)
n_{WT} = Zahl der Werkstücke je Standzeit, die gefunden wird aus der Standzeit (T) eines Werkzeuges, dividiert durch die Gesamteingriffszeit (t_h) dieses Werkzeuges

Witthoff [59/S. 186] gibt seine Beziehung über die Werkzeugkosten in der folgenden Form:

$$K_W = \frac{W_a - W_u + n_s \cdot W_s}{n_{WT} \cdot (n_s + 1)}$$

Das entwickelte Formular hingegen überläßt die Einbeziehung von »t_h« erst dem Fertigungskostenplan und geht nach der Gleichung vor

$$K_W \text{ je Std.} = \frac{W_a - W_u + n_s \cdot W_s}{T \cdot (n_s + 1)} = \frac{W_a - W_u + n_s \cdot t_s \cdot C_W}{T \cdot (n_s + 1)}$$

worin $T \cdot (n_s + 1)$ die Gesamtlebensdauer des Werkzeugs darstellt.

Der Inhalt des Formulars zur Ermittlung der *Maschinenstundenkosten* läßt sich durch folgende Gleichung angeben:

$$K_M \text{ (je Std.)} = K_e + K_R + K_a + K_z + K_r$$

worin:

K_M	=	Maschinenstundenkosten	
K_e	=	Energiekosten	je Std.
K_R	=	Raumkosten	je Std.
K_a	=	kalk. Abschreibung	je Std.
K_z	=	kalk. Verzinsung	je Std.
K_r	=	Restgemeinkosten	je Std.

Es ist im einzelnen:

$$K_e = N \cdot \eta_{N,t} \cdot C_e$$

mit: N = Installierte Leistung in kW
$\eta_{N,t}$ = Maschinenausnutzungsgrad in bezug auf Leistung und Zeit
C_e = Kostenstandard für Energiekosten (DM/kWh)

$$K_R = F_o \cdot f \cdot C_F$$

mit: F_o = Nettoflächenbedarf
f = Standardisierter Zuschlagsfaktor für Bedienung, Lagerung und Wegeanteil
C_F = Kostenstandard der Kosten je m^2 Fertigungsraum und je Std.

$$K_a = A \cdot b \cdot \frac{1}{2200}$$

mit: A = Wiederbeschaffungswert der Maschine
b = Kalk. Abschreibungssatz je Jahr bei 1-Schicht-Betrieb (standardisiert)
$\frac{1}{2200}$ ≙ 2200 Arbeitsstunden je Jahr (einschichtig)

$$K_z = A \cdot \frac{p}{2} \cdot \frac{1}{2200}$$

mit: p = standardisierter Zinsfuß je Jahr

Das zu verzinsende Kapital hat bei Beginn der Nutzung die Höhe des Anschaffungswertes. Bei Ende der Nutzung ist es gleich Null. Der Faktor $\left(\frac{A \cdot p}{2}\right)$ gibt also die *mittleren Zinskosten* an.
(Es führt rechnerisch zu dem gleichen Ergebnis, wenn man das *gesamte* Kapital durchgehend verzinst und dafür den Zinsfuß halbiert.)

Der Restgemeinkostenzuschlag (K_r) als letzter Kostenanteil wird als Funktion der Abschreibung (nicht in %) angegeben ($K_r(A)$). Innerhalb der kalkulatorischen Maschinenstundenkosten macht die Abschreibung den Hauptteil aus und erschien deshalb – neben anderen Gründen, die ausführlich in einem Forschungsbericht [29] wiedergegeben sind – als geeignete Bezugsgröße.
Aus bereits angegebenen Gründen ist einerseits (K_R) und andererseits (K_z) noch je mit einem Reduktionsfaktor bei Mehrschichtbetrieb zu versehen.

Für:

c_s = Reduktionsfaktor bei Mehrschichtbetrieb (standardisiert)

$$\left(1 > c_s > \frac{1}{Z_s}\right)$$

Z_s = Zahl der Schichten

wird jetzt die Gesamtgleichung zu:

$$K_M \text{ (je Std.)} = N \cdot \eta_{N,t} \cdot C_e + c_s(F_o \cdot f \cdot C_F) + A \cdot b \cdot \frac{1}{2200} + \frac{1}{Z_s} \cdot A \frac{p}{2} \cdot \frac{1}{2200} + K_r(A)$$

Und weiter zusammengefaßt:

$$K_M \text{ (je Std.)} = N \cdot \eta_{N,t} \cdot C_e + c_s(F_o \cdot f \cdot C_F) + \frac{A}{2200} \cdot \left(b + \frac{1}{Z_s} \cdot \frac{p}{2}\right) + K_r(A)$$

Der *Fertigungskostenplan* errechnet nun die Kosten der einzelnen Arbeitsgänge und schließlich die Kosten je Stück.

Es sei:

K_F = Fertigungskosten je Arbeitsgang
T_e = Vorgabezeit je Einheit
η_t = Zeitgrad des Arbeiters oder der Abteilung
T_{eff} = Im Durchschnitt wirklich gebrauchte Arbeitszeit
L = Lohngruppe
C_L = Stundenlohn entsprechend der Lohngruppe (standardisiert)
Z = Zahl der zu bedienenden Maschinen
c_Z = Reduktionsfaktor bei Mehrmaschinenbedienung (standardisiert)
$T_{B\,eff}$ = Dem Arbeiter bezahlte Zeit
t_h = Hauptzeit

Für die Errechnung einer vergleichbaren Zeit »$T_{B\,eff}$« gilt entsprechend den geschilderten Überlegungen:

$$T_{B\,eff} = \frac{(T_E - t_r) \cdot c_Z + t_r}{\eta_t}$$

$$= \frac{T_E \cdot c_Z + t_r \cdot (1 - c_Z)}{\eta_t}$$

Nun ist nach Definition

$$T_{eff} = \frac{T_e}{t}$$

Damit wird:

$$T_{B\,eff} = T_{eff} \cdot c_Z + t_r \cdot \frac{(1 - c_Z)}{\eta_t}$$

Damit stellt sich der Rechnungsgang des Fertigungskostenplans für einen Arbeitsgang in der Gleichung dar:

$$K_F = T_{eff} \cdot K_M + T_{B\,eff} \cdot C_L + \sum (t_h \cdot K_w)$$

Die Substitution von »$T_{B\,eff}$« durch den eben entwickelten Ausdruck ergibt dann – zugleich mit der Beziehung auf das gesamte Stück, also die Summe aller Arbeitsgänge – folgenden Ausdruck:

$$K_F \text{ (je Stück)} = \sum \left[T_{eff} \cdot (K_M + c_z \cdot C_L) + t_r \cdot \left(\frac{1 - c_z}{\eta_t} \right) + \sum (t_h \cdot K_w) \right]$$

worin also:

$$K_M \text{ (je Std.)} = N \cdot \eta_{N,t} \cdot C_e + c_s \cdot (F_o \cdot f \cdot C_F) + \frac{A}{2200} \cdot \left(b + \frac{1}{Z_s} \cdot \frac{p}{2} \right) + K_r(A)$$

und:

$$K_W \text{ (je Std.)} = \frac{W_a - W_u + n_s \cdot t_s \cdot C_W}{T \cdot (n_s + 1)}$$

ist.

Für Vergleichszwecke war die Berücksichtigung der unterschiedlichen Zeitgrade und die Errechnung einer vergleichbaren Zeit (T_{eff}) notwendig. Wenn ein Einzelbetrieb nur auf der Basis seiner Vorgabezeiten kalkulieren will, könnte in der Hauptgleichung (T_{eff}) durch (T_e) ersetzt werden und (η_t) fortfallen.

Die Gleichungen zeigen jedenfalls in der obigen Zusammenstellung deutlich, wie alle technisch-mengenmäßigen Angaben in die betreffenden Kosten einmünden, wodurch sie addierbar gemacht und in ihrer wirtschaftlichen Bedeutung »gewogen« werden, denn jede Bewertung darf in diesem Sinne als eine Art Gewichtung angesehen werden.

In der Hauptgleichung stehen die Zeiten (T_{eff}) und (t_h, t_r), letztere sind wiederum ein Teil von »T_{eff}«. Die Bedeutung der Zeiten wird so formelmäßig sichtbar, und es wird auch verständlich, warum die Zeiten oft für eine Wirtschaftlichkeits-*Vororientierung* brauchbar sind. Das Zeitgerüst wird deshalb im Hinblick auf die Möglichkeiten zur Richtwertdarstellung in den nächsten Kapiteln zunächst betrachtet werden.

Da die Hauptzeit (t_h), die anfangs behandelt werden wird, bei spanenden Verfahren zumeist auch die Werkzeugeingriffszeit ist, und da die Werkzeugstandzeit (T) durch die empirische Beziehung

$$T = C_1 \cdot v^{C_2}$$

über die Schnittgeschwindigkeit (v) wiederum mit der Hauptzeit gekoppelt ist (C_1, C_2 sind Konstanten), werden die Fragen der Kennzahlen und Richtwerte, die die Werkzeuge betreffen, dort zugleich erörtert werden.

Die Einzelgrößen der anderen Kostenanteile werden in den zugehörigen Abschnitten besprochen. Wegen der bereits eingangs begründeten Beschränkung auf technisch-mengenmäßige Größen finden die Kostenstandards (C_L, C_e, C_F, p, C_W) im einzelnen keine Behandlung, jedoch wird das Kapitel 3.1 eine Bemerkung zu ihrer Ermittlung und Handhabung enthalten.

2.2 Die Hauptzeiten in der Richtwertdarstellung

Die Wahl der richtigen Maßbezugsgrößen für jede Art von Kennzahlen und Richtwerten setzt Überlegungen voraus, die besonders in den Hauptzeiten und insbesondere bei Maschinenarbeit oft auf theoretische funktionelle Zusammenhänge Bezug nehmen müssen.

Bei den Hauptzeiten ist man versucht, gleich auf die einzelnen Schnittbedingungen bei der Zerspanung zurückzugreifen, wie sie im Fertigungsplan des Abschnitts 2.1 erfaßt waren. Da nun, wie EISELE [10/S. 188] bemerkt, in der Praxis »... die Schnittiefe (a) durch das von vornherein gegebene Übermaß, der Vorschub (s) durch die erstrebte Oberflächengüte gegeben ist ...«, tritt die Schnittgeschwindigkeit als entscheidende Variable in den Vordergrund. Ihre bereits erwähnte Kopplung über die Standzeit an den Werkzeugaufwand führt dann zu Überlegungen über die wirtschaftlichste Schnittgeschwindigkeit und den wirtschaftlichsten Werkzeugeinsatz, und das ist in der Ermittlung aller Einflußgrößen auch eine der Hauptfragen der wissenschaftlichen Zerspanungsforschung.

Unter den Definitionen über die wirtschaftliche Schnittgeschwindigkeit dürfte jene von PAASCHE [10/S. 183] als die heute gültige angesehen werden:

»... die Schnittgeschwindigkeit, bei der ein bestimmtes Spanvolumen mit den geringsten Kosten unter Berücksichtigung der Standzeit des Stahles, der Zeit zu seinem Ein- und Ausspannen und der verschiedenen bei der Zerspanung auftretenden Kosten abgehoben wird.«

Zwischen der Hauptzeit und allen Einzeleinflußgrößen steht aber als Zwischenstufe das *zerspante Volumen*.

Unterstellt man einmal, daß bei den Betrieben die angegebenen Hauptzeiten auf der Grundlage von Wirtschaftlichkeitsüberlegungen erreicht werden, dann darf das zerspante Volumen als Bezugsgröße für technische Vergleiche und Richtwerte gewählt werden. Bei Drehoperationen ist dieses leicht ermittelbar, denn das Produkt aus Vorschub (s), Spantiefe (a) und Schnittgeschwindigkeit (v) stellt unmittelbar das je Zeiteinheit zerspante Volumen dar.

Für die Zerspanungsarbeit am Zahnkranz war eine entsprechende Beziehung jedoch erst zu entwickeln, da die geometrischen Zusammenhänge hier verwickelter als bei den Drehoperationen sind. Die im folgenden in ihrem Aufbau beschriebene – und vom Verfasser entwickelte – Formel berücksichtigt jene Variablen, die die Größe der herzustellenden Zahnlücke bestimmen:

den Modul (m),

die Zähnezahl (z),

die Zahnbreite (b) und

die Profilverschiebung (Profilkorrektur) (p) $= x \cdot m$

Der Einfluß der Zähnezahl auf die Größe der Zahnlücke (F) wurde graphisch ermittelt, wie die beiden folgenden Abbildungen zeigen. Bei Konstanthaltung aller anderen Bedingungen ergab sich eine Hyperbelfunktion:

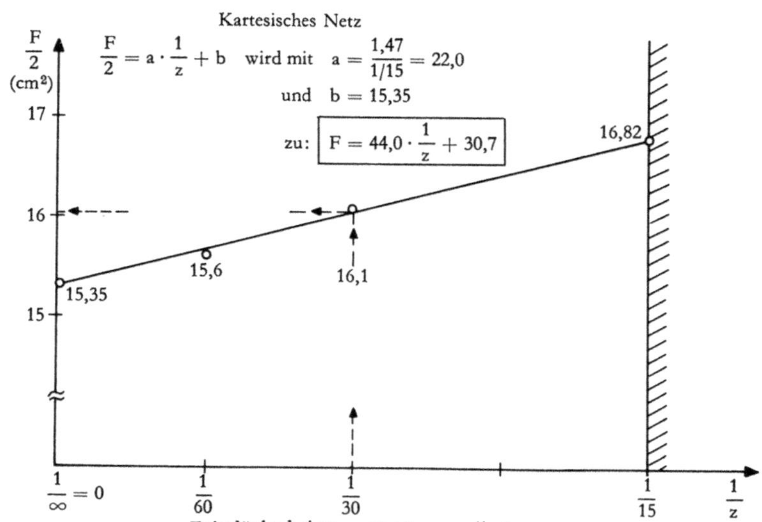

Zahnlücke bei m = const.; z variiert
m = const. = 30

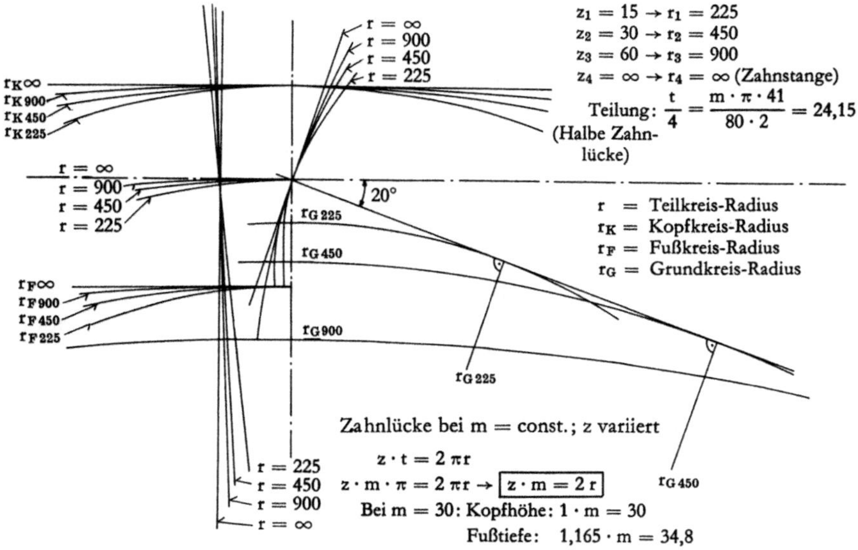

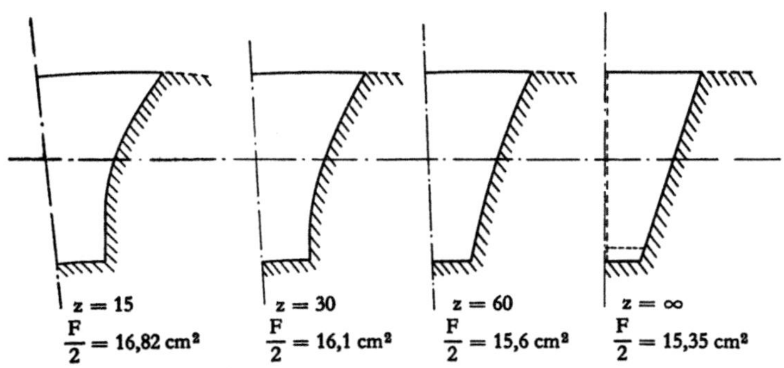

Zahnlücke F bei m = const.; z variiert
m = 30

Bei $z = \infty$ sind in $\frac{F}{2}$ enthalten: 0,42 cm² für Flankenspiel $\rightarrow \frac{F}{2} = 14{,}93$ cm² ohne Flankenspiel;

und 0,60 cm² für Kopfspiel $\rightarrow \frac{F}{2} = 14{,}75$ cm² ohne Kopfspiel und $\frac{F}{2} = 14{,}33$ cm² ohne Flanken- und Kopfspiel.

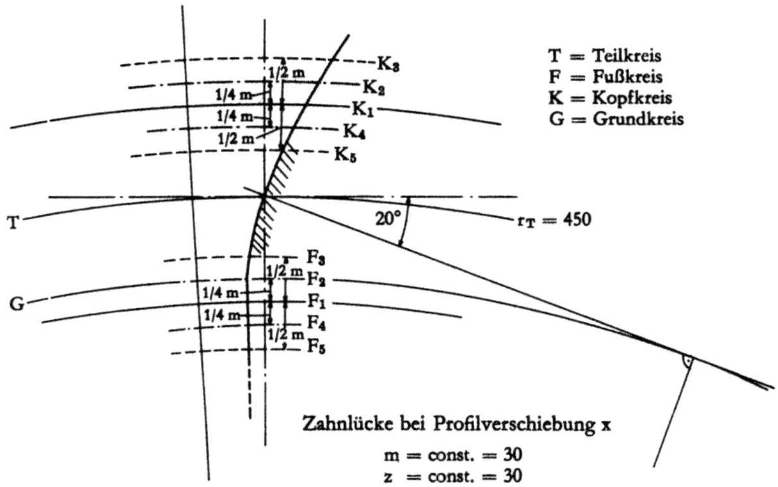

Zahnlücke bei Profilverschiebung x

m = const. = 30
z = const. = 30

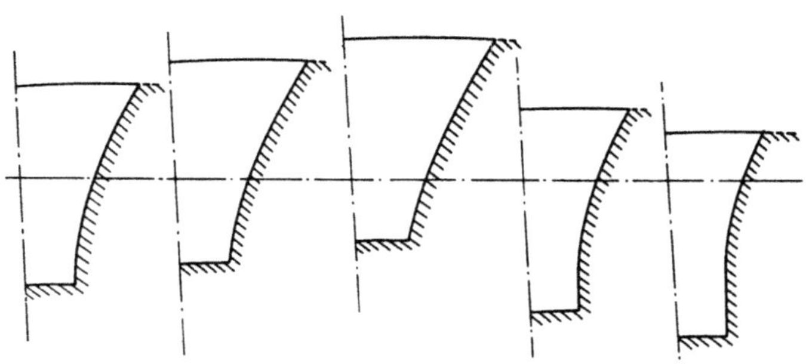

$X = 0$ $\quad X = +\frac{1}{4}$ $\quad X = +\frac{1}{2}$ $\quad X = -\frac{1}{4}$ $\quad X = -\frac{1}{2}$

$\frac{F}{2} = 16{,}0\ cm^2$ $\quad \frac{F}{2} = 17{,}73\ cm^2$ $\quad \frac{F}{2} = 20{,}35\ cm^2$ $\quad \frac{F}{2} = 14{,}3\ cm^2$ $\quad \frac{F}{2} = 13{,}28\ cm^2$

Zahnlücke bei Profilverschiebung $p = x \cdot m$

m = const. = 30
z = const. = 30

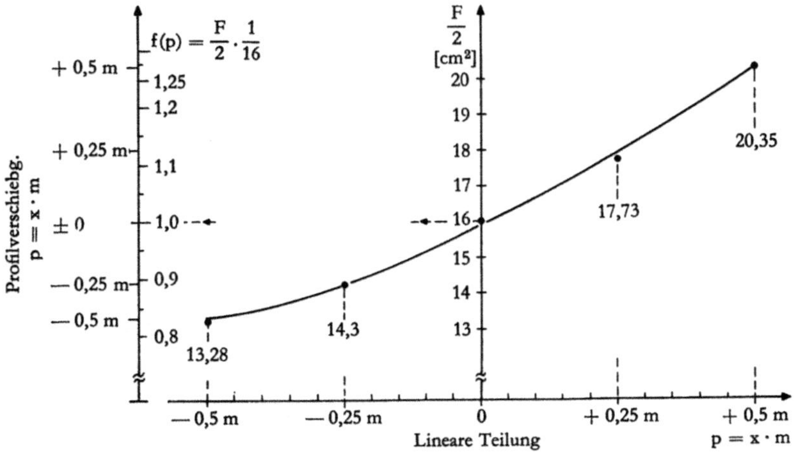

Zahnlücke bei Profilverschiebung p = x · m
m = const. = 30
z = const. = 30

Also:

I: $$F_{(z)} = 44{,}0 \cdot \frac{1}{z} + 30{,}7$$

bezogen auf den Modul 30.

Der Einfluß der Profilverschiebung (p) konnte nach den auf den weiteren Seiten gezeigten Vorarbeiten im halblogarithmischen Netz in Form einer Geraden dargestellt werden:

Ordinate: 65 mm je Einheit (Zehnerpotenz)
Abszisse: 40 mm je Einheit (1 · m)

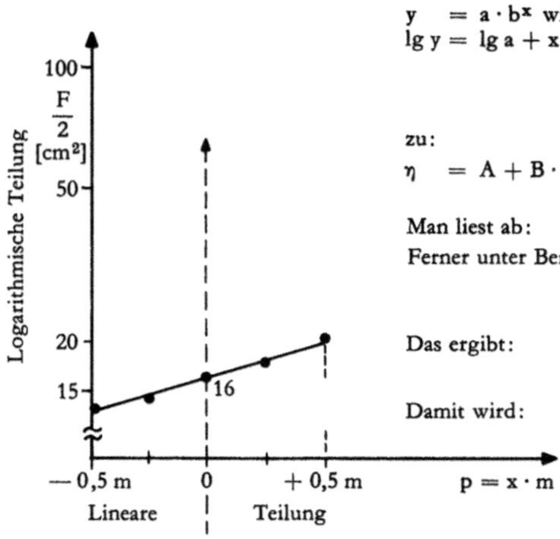

$y = a \cdot b^x$ wird über
$\lg y = \lg a + x \cdot \lg b$ und mit $\eta = \lg y$
$\zeta = x$
$A = \lg a$
$B = \lg b$

zu:

$\eta = A + B \cdot \zeta$ als Gerade im einfach logarithmisch geteilten Netz.

Man liest ab: $A = \lg a = \lg 16$

Ferner unter Berücksichtigung des Maßstabs-Ausgleichs

$$B = \lg b = \frac{1{,}2}{6{,}5} = 0{,}185$$

Das ergibt: $a = 16$
$b = 1{,}53$

Damit wird: $y = \frac{F}{2} = 16 \cdot 1{,}53^x$ und relativiert:

$$\frac{F/2}{16} = \boxed{1{,}53^x = f(p)}$$

bei: $-0{,}5 \leqq x \leqq +0{,}5$

Zahnlücke bei Profilverschiebung p = x · m

Die *relative* Änderung durch Profilverschiebung wird also angegeben in der Potenzfunktion:

II: $$f_{(P)} = 1{,}53^{x}$$

Im linken Teil des ganzseitigen Kurvenblattes »Zahnlücke bei Profilverschiebung« wurde diese Funktion für den handlichen Gebrauch und als Beispiel für das Kapitel [14] in einer *Doppelleiter* dargestellt.
Der relative Einfluß der Größe des *Moduls* bestimmt sich aus Überlegungen über die geometrische Ähnlichkeit: Der Modul ist als Teil-Längenmaß eines Kreisumfangs (des Teilkreises) das Analogon zu einem Kreisradius. Die Fläche der Zahnlücke – als Teilfläche eines Kreises – ändert sich deshalb in quadratischer Abhängigkeit vom Modul.

Der formelmäßige Zusammenhang ist folgender:

$$z \cdot t = 2 \cdot \pi \cdot r$$
$$z \cdot m \cdot \pi = 2 \cdot \pi \cdot r$$
$$z \cdot m = d$$

Es bedeutet:

r = Radius des Teilkreises
z = Zähnezahl
t = Teilung = $m \cdot \pi$

worin bei konstant gehaltenem (z) der Modul in seiner funktionellen Bedeutung dem Durchmesser gleichkommt.
Da sich die Gleichung I. in ihren Absolutgrößen auf den Modul 30 bezieht, ist der *relative* Einfluß der Moduländerung:

III: $$f_{(m)} = \left(\frac{m}{30}\right)^2$$

Das zerspante Volumen ist schließlich direkt proportional der Zähnezahl (z) und bei Geradverzahnungen auch von der Zahnbreite (b) direkt proportional abhängig.

Die Gesamtgleichung für das zerspante Volumen (V_{zersp}) lautet damit:

$$V_{zersp} = \left(44{,}0 \cdot \frac{1}{z} + 30{,}7\right) \cdot \left(\frac{m}{30}\right)^2 \cdot 1{,}53^{x} \cdot z \cdot b \qquad (cm^3)$$

mit:

z = Zähnezahl
m = Modul [mm]
b = Zahnbreite [cm]
x = Profilverschiebung [p] als dimensionsloser Faktor von [m] nach der Gleichung: $p = x \cdot m$

Für schrägverzahnte Räder wäre der Gleichung stets der Normalmodul (m_n) zugrunde zu legen. Statt der Zahnbreite (b) wäre mit Hilfe des Schrägungswinkels (β) einzufügen:

$$b' = \frac{b}{\cos\beta}$$

womit die allgemeine Form der Gleichung lautet:

$$V_{zersp} = \left(44{,}0 \cdot \frac{1}{z} + 30{,}7\right) \cdot \left(\frac{m_n}{30}\right)^2 \cdot 1{,}53^x \cdot z \cdot \frac{b}{\cos\beta}$$

Die Gleichungen zeigen, daß der Modul (m) die Haupteinflußgröße darstellt und daß eine gröbere Wahl der Bezugsgrößen wenigstens den Modul (m) und die Zähnezahl (z) und Zahnbreite (b) einzuschließen hätte. Die in einigen Betrieben angetroffene Standzeitangabe oder Zeitkalkulationsgrundlage mit dem Modul (m) und dem Gesamtschnittweg (z · b!) als Bezugsgrößen ist deshalb in erster Näherung durchaus berechtigt.

Die Gleichung für das zerspante Volumen kann sowohl zur Ermittlung von Kennzahlen für überbetriebliche Vergleiche wie auch für die Aufstellung von Richtwerttabellen herangezogen werden. (Für den zweiten Fall wäre eine nomographische Darstellung in Leitertafeln zweckmäßig.)

24 Zahnräder eines Betriebes sind als Beispiel auf umseitiger Tabelle auf ihr zerspantes Volumen hin berechnet. Sie variieren in Modul, Zähnezahl, Zahnbreite und Profilverschiebung. Auf der Fertigungsseite sind auch die Verfahren und natürlicherweise die Hauptzeiten verschieden. Trägt man über dem Modul als Ordnungsgesichtspunkt die verbrauchte Zeit je cm³ zerspantes Volumen auf, so zeichnen sich für die einzelnen Verfahren bestimmte Bereiche und Zeitverbrauchkenngrößen ab (s. Abb.):

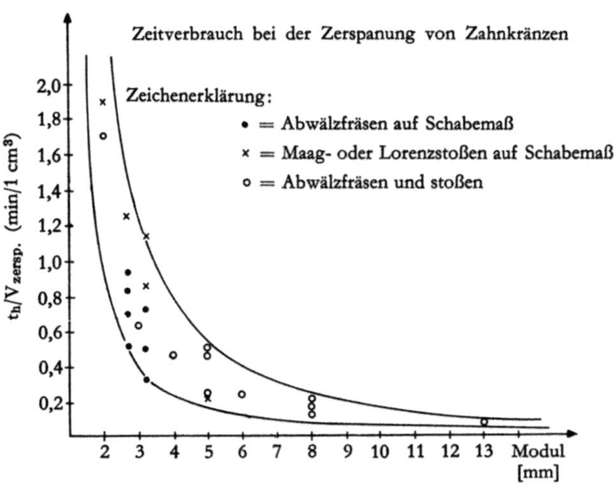

Rad-Nr.	Modul (m) [mm]	Zähnezahl	Profilverschieb. p = x · m	Zahnbreite [cm]	Güteklasse DIN 3962 + 3964	Material	Verfahren	Zerspanungshauptzeit [min]		Zerspantes Volumen [cm³]	Zeit je cm³ [min/cm³]	Bemerkungen
2	2	75	0	2,0	7	37 MnSi 5	Abw.-Fr. + M.-Stoß.	17,1 + 18,9	36	21,2	1,7	
3	2	61	0	2,2	7	34 Cr 4	M.-Stoß. Vor + fertig		36,3	19,0	1,9	
4_1	2,75	29	+ 0,1 m	1,0	8	16 MnCr 5	Abw.-Fr. a. S.		7	8,25	0,85	
4_2	2,75	14	+ 0,44 m	2,2			Abw.-Fr. a. S.		7,7	11,0	0,70	
5	2,75	19	+ 0,34 m	2,6	8	16 MnCr 5	Abw.-Fr. a. S.		8,4	16,4	0,51	
6_1	2,75	47	— 0,4 m	1,2	8	16 MnCr 5	Abw.-Fr. a. S.		10,5	12,7	0,83	
6_2	2,75	37	— 0,1 m	1,1	8	16 MnCr 5	M.-Stoß. a. S.		12,6	10,0	1,26	
7_1	3,25	43	— 0,2 m	1,5	~ 8	16 MnCr 5	L.-Stoß. a. S.		25,4	22,2	1,14	
7_2	3,25	48	± 0	3,0	~ 8	15 MnCr 5	Abw.-Fr. a. S.		26,5	53,6	0,5	
8_1	3,25	26	+ 0,2 m	1,3	~ 8	15 Cr 3	L.-Stoß. a. S.		12,3	14,1	0,87	
8_2	3,25	38	— 0,1 m	1,33	~ 8	15 Cr 3	Abw.-Fr. a. S.		13,0	17,7	0,73	
9	3,25	24	± 0	3,4	~ 8	16 MnCr 5	Abw.-Fr. a. S.		10,0	31,3	0,32	
10	3,00	90	± 0	2,5	7	St 50.11	Abw.-Fr. + M.-Stoß.	18 + 26,8	44,8	70	0,64	2 Räder in einer Aufspannung beim Abwälzen
11	4,00	89	± 0	4,0	~ 7	CK 45	Abw.-Fr. + M.-Stoß.	33 + 57	90	197	0,46	
12	5,00	13	+ 0,57 m	4,8	8	16 MnCr 5	Abw.-Fr. + M.-Stoß.	$\frac{17}{2}$ + 10,1	18,6	77,3	0,24	
13	5,00	33	— 0,16 m	2,8	8	16 MnCr 5	Abw.-Fr. + M.-Stoß.	26,5 + 13,1	39,6	77,6	0,51	
14_1	5,00	24	+ 0,08 m	2,6	8	16 MnCr 5	M.-Stoß. a. S.			59,7	0,22	
14_2	5,00	21	+ 0,16 m	2,8	8	16 MnCr 5	M.-Stoß. a. S.		26	58,3	0,22	
15	5,00	54	— 0,4 m	5,0	~ 8	16 MnCr 5	Abw.-Fr. + M.-Stoß.	62,5 + 30	92,5	203	0,46	
16	6,00	16	+ 0,4 m	7,2	8	20 MnCr 5	Abw.-Fr. + M.-Stoß.	28 + 16,4	44,4	188	0,24	2 Räder in einer Aufspannung beim Abwälzen
17	8,00	59	— 0,5 m	7,5	8	16 MnCr 5	Abw.-Fr. + M.-Stoß.	$\frac{110}{2}$ + 53	108	775	0,14	
18	8,00	11	+ 0,5 m	8,2	8	20 MnCr 5	Abw.-Fr. + M.-Stoß.	46 + 15,3	61,3	282	0,22	
19	8,00	74	— 0,45 m	20,0	7	16 MnCr 5	Abw.-Fr. + M.-Stoß.	342 + 75	417	2760	0,15	
20	13,00	19	+ 0,52 m	23,0	~ 8	20 MnCr 5	Abw.-Fr. + M.-Stoß.	193 + 40	233	3470	0,067	

Es bedeutet: Abw.-Fr. = Abwälz-Fräsen; M.-Stoß. = Maag-Stoßen; L.-Stoß. = Lorenz-Stoßen; a. S. = auf Schabemaß

Die mit dem Zeichen ~ versehenen Angaben bei den Güteklassen sind näherungsweise aus *Werks*-Güteklassen übertragen.

Der Zeitverbrauch je cm^3 zerspantes Volumen ist eine echte Gütezahl und läßt deshalb auch von der Seite der neutralen Zahleneigenschaften her, wie sie in Abschnitt (1.2) besprochen wurden, gute Aussagemöglichkeiten erwarten. Der Vorteil liegt bei der so gewählten Bezugsgröße darin, daß sie mehrere Einzeleinflußgrößen zusammenfaßt, und das ist in sinnvollem Rahmen bei jeder Kennzahlen- und Richtwertermittlung ständig das gleiche Bemühen: Auf der Basis geeigneter Maßbezugsgrößen schnell zu Beurteilungs- oder Planungsgrundlagen, zu Kalkulationsunterlagen oder zu Zahlen für Vergleichszwecke zu kommen.
Richtwerte für eine alle *Einzelheiten* berücksichtigende Stückzeitvorrechnung gehen in der Hauptzeit auf die Zerspanungshauptgleichung und damit auf geometrische Zusammenhänge zurück:

$$t_h = \frac{i \cdot l}{n \cdot s}$$

mit:

i = Zahl der Schnitte
l = Schnittweg
n = Drehzahl, die die Schnittgeschwindigkeit bestimmt
s = Vorschub je Umdrehung

Jede dieser Größen spaltet sich wieder in Einzelrichtwerte auf:

Die Zahl der Schnitte (i) richtet sich nach der vorhandenen Materialzugabe, der Stabilität des Werkstücks (D:l), der gewünschten Oberfläche, der Leistung der Maschine.
Der Schnittweg (l) muß bei Fräswerkzeugen den Anschnitt einbeziehen, der wiederum von Werkzeugdurchmesser und -form und bei Verzahnungsarbeiten von dem Schrägungswinkel (β) der Verzahnung abhängig ist.
Die Drehzahl (n) bestimmt die Schnittgeschwindigkeit (v) und ist damit die wichtigste Einflußgröße für den wirtschaftlichen Werkzeugeinsatz. Abhängigkeiten bestehen hier zum Material des Schneidenwerkstoffs und des Werkstücks, zur Standzeit, zur Leistungsfähigkeit der Maschine und zum die Schnittgeschwindigkeit »erzeugenden« Durchmesser, zum Kühlmittel und zur Spantiefe (Erwärmung).
Der Vorschub (s) endlich bestimmt vornehmlich die Oberflächengüte, ist aber außerdem abhängig von der Leistungsfähigkeit des Werkzeugs und der Maschine, der Spantiefe und der Stabilität des Werkstücks.

Das eben abgesteckte Feld der Möglichkeiten von Richtwertdarstellungen innerhalb der *Hauptzeiten* bei Zerspanungsvorgängen ist in der Literatur und in AWF- und REFA-Richtlinien eingehend behandelt, insbesondere unter Benutzung geometrischer Zusammenhänge.
Man kann zum Beispiel in der gegebenen Zerspanungshauptgleichung durch Umformung zu dem Ausdruck kommen:

$$t_h = \frac{D \cdot \pi \cdot l}{v \cdot 1000 \cdot s}$$

Für Fälle, in denen (v) und (s) gleichbleiben, setzen die REFA-Richtlinien [35/DRE3/1]

$$\frac{\pi}{v \cdot 1000 \cdot s} = \text{const} = c \qquad (\rightarrow t_h = D \cdot l \cdot c)$$

und geben die Richtwerte dann in folgender Form (s. Seite 78).

In dem besprochenen Bereich sind auch die Übergänge zur Zerspanungsforschung fließend, denn deren Bemühen ist ebenfalls darauf gerichtet, in den technologischen Einzelheiten eine genaue Zergliederung und Bestimmung der Einflußgrößen zu erreichen und ihre funktionelle Verknüpfung zu suchen.

Bickel [7/S. 136] formuliert die allgemeine Forderung der Praxis an die Zerspanungsforschung folgendermaßen:

»Wenn die Rohmaße und der Werkstoff des Werkstücks gegeben sind, ebenso die gewünschten Fertigmaße, die Toleranzen und die Oberflächengüte sowie die Zerspanungsmethode, wie Drehen, Fräsen usw., und die Werkzeugmaschine hinsichtlich Leistung, Drehzahlen und Vorschüben, wie soll dann der Zerspanungsvorgang im Einzelfall so durchgeführt werden, daß er die geringsten Kosten verursacht?«

Schon in der Frage zeigt sich, daß hier die Werkzeugkosten zu allen anderen Kostenanteilen hinzukommen und mit diesen so abgestimmt werden müssen, daß die Gesamtkosten ein Minimum werden. Bickel führt dazu weiter aus [7/S. 136]:

»Wie sollen, damit dieses wirtschaftliche Optimum entsteht, die zahlreichen frei wählbaren Bedingungen und Einflußgrößen gewählt werden, also der Werkstoff und die Form des Werkzeuges, Schnittgeschwindigkeiten, Vorschübe, Schnittiefen, Schneidflüssigkeit? Man weiß, daß die vielen Kombinationsmöglichkeiten der zahlreichen wählbaren Zerspanungsbedingungen zu äußerst komplexen Lösungen führen und daß nur durch starke, auf Erfahrung beruhende Einschränkungen der zahlreichen Variablen es möglich ist, sogenannte Richtwerte für die praktische Vorkalkulation bzw. Durchführung des Prozesses durch systematische Versuche zu ermitteln. Die Zerspanungsforschung ist deshalb eine ausgesprochene Zweckforschung; ihr Zweck ist, der Praxis Richtwerte zu liefern; Richtwerte, nach denen im Einzelfall unter Anwendung einer einfachen Rechenmethode und gestützt auf empirisch ermittelte Materialkoeffizienten die optimale Durchführung des Vorganges vorausberechnet werden kann, analog wie etwa eine einfache Festigkeitsrechnung für ein Maschinenbauteil mit Hilfe der Elastizitätstheorie einerseits, der empirischen Materialkoeffizienten andererseits rasch und sicher durchgeführt werden kann, welch letztere uns die genormte Materialprüfung liefert. Es ist aber, von der Forschung aus gesehen, einzugestehen, daß der Praxis nur für verhältnismäßig wenige und einfache Fälle wirklich zuverlässige Richtwerte zur Verfügung gestellt werden können. Das mag befremdlich klingen, wenn man an das umfangreiche Zahlenmaterial denkt, an die zahlreichen Tabellen und Diagramme, die in Handbüchern und Werbeprospekten für neue Schneidenwerkstoffe und an die laufenden Veröffentlichungen in den Fachzeitschriften. Gewiß, Zahlenwerte für empfohlene Schnittbedingungen bestehen zu Tausenden, aber es ist eine andere Frage, mit welcher Toleranz sie Gültigkeit haben. Vage Schnittgeschwindigkeitsangaben ohne Angabe einer zugrunde liegenden Standzeit, ohne Verbindung mit genauen Werkstoffangaben, Spanquerschnitten usw. helfen dem Praktiker nicht viel, denn so viel, wie er daraus entnehmen könnte, versteht er meistens aus praktischer Erfahrung selber, wenn nicht mehr.«

Richtwerte für Drehen
(Nach REFA)
Gebrauchstafel für Konstante c

Zu bearbeitender Werkstoff	Schnitt-geschw. V / Konstante C	Werkzeuge aus: Schnelldrehstahl (Spanquerschnitt in mm²) 0,1	0,5	1,0	3,0	5,0	8,0	Werkzeuge aus: Hartmetall (Spanquerschnitt in mm²) 0,1	0,5	1,0	3,0	5,0	8,0
		Spantiefe (mm) bei Vorschub s = 0,3 mm/U						Spantiefe (mm) bei Vorschub s = 0,3 mm/U					
	C	0,33	1,7	3,4	10	17	27	0,33	1,7	3,4	10	17	27
Stahl, unlegiert σ_B 50 ÷ 60 kg/mm²	V	84	65	53	35	29	26	200	102	78	50	40	36
	C	$\frac{1}{8100}$	$\frac{1}{6240}$	$\frac{1}{5100}$	$\frac{1}{3360}$	$\frac{1}{2780}$	$\frac{1}{2500}$	$\frac{1}{19200}$	$\frac{1}{9800}$	$\frac{1}{7500}$	$\frac{1}{4800}$	$\frac{1}{3840}$	$\frac{1}{3460}$
Stahl, unlegiert σ_B 60 ÷ 80 kg/mm²	V	70	55	45	28	23	20	145	75	55	35	30	25
	C	$\frac{1}{6700}$	$\frac{1}{5270}$	$\frac{1}{4310}$	$\frac{1}{2680}$	$\frac{1}{2200}$	$\frac{1}{1920}$	$\frac{1}{13900}$	$\frac{1}{7200}$	$\frac{1}{5270}$	$\frac{1}{3360}$	$\frac{1}{2880}$	$\frac{1}{2400}$
Stahl, legiert σ_B 70 ÷ 90 kg/mm²	V	58	47	38	23	18	16	128	66	50	32	26	22
	C	$\frac{1}{5550}$	$\frac{1}{4500}$	$\frac{1}{3640}$	$\frac{1}{2200}$	$\frac{1}{1720}$	$\frac{1}{1530}$	$\frac{1}{12250}$	$\frac{1}{6300}$	$\frac{1}{4800}$	$\frac{1}{3060}$	$\frac{1}{2500}$	$\frac{1}{2110}$
Gußeisen	V	50	40	30	20	18	15	140	90	70	45	35	30
	C	$\frac{1}{4800}$	$\frac{1}{3840}$	$\frac{1}{2880}$	$\frac{1}{1920}$	$\frac{1}{1725}$	$\frac{1}{1440}$	$\frac{1}{13400}$	$\frac{1}{8630}$	$\frac{1}{6700}$	$\frac{1}{4310}$	$\frac{1}{3360}$	$\frac{1}{2880}$
Messing	V	195	140	100	70	55	50	390	275	200	130	105	90
	C	$\frac{1}{18700}$	$\frac{1}{13400}$	$\frac{1}{9600}$	$\frac{1}{6700}$	$\frac{1}{5270}$	$\frac{1}{4800}$	$\frac{1}{37400}$	$\frac{1}{26400}$	$\frac{1}{19200}$	$\frac{1}{12450}$	$\frac{1}{10050}$	$\frac{1}{8600}$
Aluminium	V	300	200	140	90	75	65	600	400	280	180	150	130
	C	$\frac{1}{28800}$	$\frac{1}{19150}$	$\frac{1}{13400}$	$\frac{1}{8630}$	$\frac{1}{7200}$	$\frac{1}{6225}$	$\frac{1}{57500}$	$\frac{1}{38400}$	$\frac{1}{26800}$	$\frac{1}{17250}$	$\frac{1}{14400}$	$\frac{1}{12450}$
Bronze	V	150	105	78	52	43	38	250	152	120	80	68	60
	C	$\frac{1}{14400}$	$\frac{1}{10050}$	$\frac{1}{7475}$	$\frac{1}{5000}$	$\frac{1}{4120}$	$\frac{1}{3640}$	$\frac{1}{24000}$	$\frac{1}{14550}$	$\frac{1}{11500}$	$\frac{1}{7660}$	$\frac{1}{6500}$	$\frac{1}{5750}$

Weitere Einzelheiten sollen an dieser Stelle nicht wiedergegeben werden.

Die im Abschnitt (2.1) gegebene Gleichung für die Werkzeugkosten weist zwar die Daten auf, die zu deren Errechnung notwendig sind; darin ist die Standzeit aber selbst eine Variable, die von vielerlei Einflußgrößen abhängig ist, die selbst wiederum mit den anderen Gliedern der Fertigungskostengleichung rückgekoppelt sind, so zum Beispiel die Standzeit über die Schnittgeschwindigkeit und die Hauptzeit mit der Maschinenstunde und der dem Arbeiter bezahlten Zeit. WITTHOFF [58/S. 36] kommt deshalb bei seinen Untersuchungen, die sich vorwiegend mit dem wirtschaftlichen *Werkzeugeinsatz* befassen, zu der wichtigen Erkenntnis,

»... daß es einen bestimmten Wert der wirtschaftlichen Standzeit und Schnittgeschwindigkeit auch für bestimmte Arten der Zerspanung, z. B. das Drehen, nicht gibt«.

Er weist darauf hin, daß eine Erhöhung der Löhne oder eine notwendige Erhöhung des Restgemeinkostenzuschlages oder eine Ermäßigung des Werkzeugaufwandes je Standzeit eine Verringerung der wirtschaftlich günstigsten Standzeit zur Folge habe. Nach der im Abschnitt (2.1) gegebenen Gleichung für die Fertigungskosten kann dazu ergänzt werden, daß die gleiche Auswirkung durch eine Erhöhung der Maschinenwiederbeschaffungswerte oder eine Verringerung der Schichtzahlen gegeben wäre.
So treten zu den Variablen im technischen Bereich noch diejenigen des Kostenbereiches, und eine exakte Lösung ließe sich nur finden, wenn man, wie EISELE [10/S. 188] es angibt, aus der Gleichung der Fertigungskosten das *totale Differential* nach allen Veränderlichen bildet. (EISELE selbst beschränkt sich nach einigen vereinfachenden Annahmen auf die Schnittgeschwindigkeit.) Das Ergebnis einer solchen Rechnung würde wegen der gegenseitigen Abhängigkeiten der Größen für praktische Belange kaum von Wert sein. Die Schwierigkeiten der Praxis, hier auf der Grundlage einfacher Bezugsgrößen zu brauchbaren Richtwerten zu kommen, finden aber so ihre mathematische Begründung.
Die Untersuchungen in der Zahnradfertigung zeigten, daß den Standzeitfragen noch wenig Beachtung geschenkt wird, aber die Ermittlung bereitet bei wechselnder Fertigung und kleineren Werkzeugen wirklich ernsthafte Schwierigkeiten. Man beschränkte sich zumeist auf die Kontrolle der wertvollen Verzahnungswerkzeuge und gab hier die Standzeit, bezogen auf den Modul als Ordnungsgröße, nach Schnittlänge (b · z) und Werkstoff an; ein Vorgehen, das der Beziehung auf das zerspante Volumen recht nahekommt. Das Standzeitkriterium wird dabei meist noch durch eine subjektive Beurteilung der erzeugten Werkstückoberfläche oder der Spanbildung ersetzt. Von den meßbaren Kriterien, wie Freiflächenverschleiß, Kolkbreite und Kolktiefe, wurde nur von dem ersteren und auch nur in ganz seltenen Fällen Gebrauch gemacht.
Zwar wird für einen Verfahrensvergleich auch bei weniger wertvollen Werkzeugen für die Kostenrechnung und Wirtschaftlichkeitsbeurteilung die Angabe der Standzeit erforderlich sein. Im betrieblichen Bereich wird die nachträgliche Aufschlüsselung der Gesamtwerkzeugkosten auf die Maschinengruppe oder Einzelmaschine auf Grund der angegebenen Schwierigkeiten jedoch weiterhin der bevorzugte Weg bleiben. Nur wird man den benutzten Schlüssel (Wert der Ma-

schine oder Gewicht der Maschine oder installierte Leistung oder Schichtzahl mal Wert der Maschine) auf seine »Treffsicherheit« überprüfen müssen.
Damit sei die Behandlung der Werkzeugfrage abgeschlossen. Solange die noch nicht vollständige Kenntnis aller Einflußgrößen und deren Zusammenwirken eine Schwankung der Standzeiten bis zum Verhältnis 1:5 möglich macht [7/S. 136], könnten *Streuanalysen* vielleicht eine Grundlage für Richtwerte bilden. Deren Durchführung im Betrieb bereitet jedoch auch einige Schwierigkeiten, die im Abschnitt (3.2) zu behandeln sein werden.
Als Abschluß sei noch die Richtwertaufstellung der Hauptzeit bei einer *Nicht*-Maschinenarbeit wiedergegeben. Es handelt sich um das Entgraten von Zähnen, und zwar nur deren Stirnseite, die durch Kopfkreis, Fußkreis und die Zahnflanken gebildet wird. Die zu entgratenden Kanten sind in ihrer Länge direkt vom Modul abhängig, der hier deshalb als Ordnungsgröße gewählt wurde. Die ursprünglich als Tabelle vorhandene Aufstellung ergibt in kartesischen Koordinaten folgendes Bild:

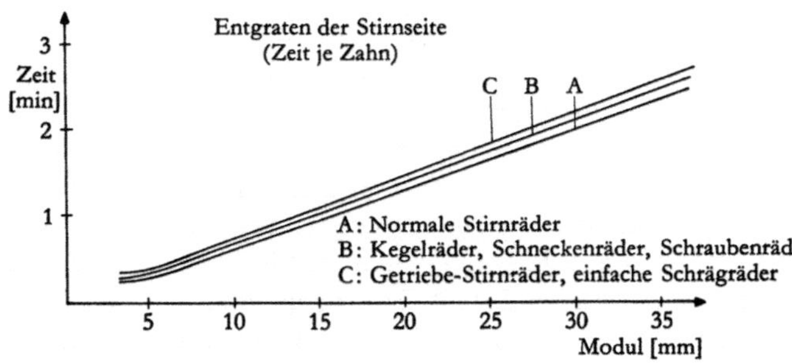

Die Zahlen basieren auf der Grundlage von Zeitstudien. Sie sind *Grundzahlen* (als statische Größen), denen man, solange sie nur innerhalb eines Betriebes gelten, die Eigenschaft von technischen Kennzahlen zusprechen müßte.

2.3 Neben- und Rüstzeiten

I. Nebenzeiten

Zu den in der Grundzeit und damit auch in der Maschinenstunde enthaltenen Nebenzeiten rechnet man die Zeiten für:

1. Auf- und Abspannen der Werkstücke
2. Ausrichten jedes Werkstückes (z. B. auf Rundlauf prüfen)
3. Werkzeug und Kühleinrichtung ansetzen
4. Schaltvorgänge
5. Meßvorgänge

Es ist verständlich, daß bei diesen vom Arbeiter auszuführenden Tätigkeiten eine *Vorrechnung* der Zeiten schwerlich möglich ist und daß man deshalb aus den Streu-

Beispiel 1 :

Drehen an Karusselldrehbank Arbeitsstufen und Griffe für Auf- und Abspannen			Nebenzeit t_n in min Werkstückgewicht in kg						
			2,5	5	10	20	30	50	über 50
1	Spannfutter	ohne richten	0,4	0,5	0,6	0,7	1	1,2	1,4
2		mit richten	0,8	1	1,2	1,4	1,8	2	2,5
3		In Klauen bearbeitete Auflage grob richten	1,3	1,8	2,3	3,7	7	8	12
4		In Klauen bearbeitete Auflage genau richten	2,5	3	4	6	12	15	20
5	Planscheibenarbeit	In Klauen rohe Auflage grob richten	1,5	2	2,5	4	8	10	15
6		In Klauen rohe Auflage genau richten	3	4	5	8	15	20	30
7		Mit Spannzeug 3 Schrauben grob richten	2,5	3	4	6	12	15	25
8		Mit Spannzeug 3 Schrauben genau richten	4	6	8	12	25	30	45
9	Winkelarbeit	2 Schrauben grob richten	1,5	2,5	3	4,5	7	10	20
10		2 Schrauben genau richten	2,5	3,5	5	7	15	20	30
11	Vorrichtungsarbeit	2 Schrauben ohne richten	0,8	1,1	1,4	2	3	4	7
12		2 Schrauben mit richten	1,2	1,6	2	2,8	4,2	5,5	10
13	Auf- und Abheben mit Kran							12	15
		Schrauben-∅ :	10	20	25	30	36		
14	Jede weitere Spannschraube spannen und lösen		0,4	0,5	0,6	0,8	1,2		

Beispiel 2 :

Richtwerte für Nebenzeiten auf Spitzendrehbänken

Die festgesetzten Nebenzeiten gelten für Serienfertigung über 20 Stück

A: Nebenzeiten für Einspannen t_n in min	3,5 kW	5,5 kW	7,5 kW	11 kW
Die t_n für Einspannen schließen folgende Griffe ein:				
a) Heranholen des Werkstückes vom Stapel,				
b) Heraufheben auf die Drehbank,				
c) Einspannen in die Drehbank, wozu bei Spitzenarbeit das Aufsetzen des Drehherzes, bei Futter- und Planscheibenarbeit das einfache Ausrichten gehört,				
d) Festspannen des Werkstückes.				
Einspannen für Spitzenarbeit :				
1. *von Hand* bei Werkstücken bis 2,5 kg	0,3		–	
bei Werkstücken bis 5,0 kg	0,4		0,6	
bei Werkstücken bis 10,0 kg	0,6		0,8	
bei Werkstücken bis 20,0 kg	0,9		1,1	
bei Werkstücken bis 40,0 kg	1,2		1,5	
2. *mit Hilfskraft oder Hebezeug*				
bei Werkstücken bis 20,0 kg	1,5		2,0	
bei Werkstücken bis 40,0 kg	2,0		3,0	
bei Werkstücken üb. 40,0 kg	3,0		4,0	
3. *mit Kran* bei Werkstücken üb. 40,0 kg	bei 5 min beginnend und je nach Fall mehr			

Beispiel 3 :

Nebenzeiten an Abwälzfräsmaschinen [min]

Lfd. Nr.	Teilarbeiten	RS 1/2	RS 1	RS 2	RS 3	Lorenz	Reineck RF 5	Reineck RF 7	Schieß
1	Werkstück auflegen von Hand < 30 kg	0,80	0,80	0,80	0,80				
2	Werkstück auflegen mit Kran > 30 kg	4,30	4,30	4,30	4,30	4,30	4,30	13,80	13,80
3	Ringe und Muttern für Spanndorn anbringen	2,30	2,30	2,30	2,30	5,15 je Stück	5,15 je Stück	5,15 je Stück	5,15 je Stück
4	Spanneisen und Unterlagstücke anbringen	3,60	3,60	4,80	4,80	2,00	2,00	2,00	2,00
5	Ausrichten von Ritzelwellen festsp. und Uhr h.	siehe Diagramm S. 84							
6	Ausrichten von Stirnrädern festsp. und Uhr h.	siehe Diagramm S. 84							
7	Ausrichten von Schraubenrädern festsp. und Uhr h.	siehe Diagramm S. 84							
8	Wechselräder einsetzen zum Ausrichten	1,50	2,00	2,50	3,00	5,00		5,00	
9	Wechselräder einsetzen für Teilung	2,45	3,25	3,70	7,90	9,50		9,50	
10	Fräser auf Fräst. setzen. Schnitt br. V. ein.	1,30	1,30	1,30	1,30	4,20	4,20	6,50	6,50
11	Fräser auf Teilfuge setzen			2,00	2,00	2,00	3,10	3,10	3,10
12	Fräser hochfahren und neuen Schnitt ans.	1,30	1,30	1,30	1,30	4,20	4,20	6,50	6,50
13	Zähne übertragen bei Pfeilverzahnung	4,10	4,10	4,10	4,10		8,50	8,50	
14	Zusatzzeiten bei Pfeilverzahnung. Siehe Bemerkung	11,50	16,00	22,50	30,05		35,50	40,00	
15	Werkst. prüfen	2,00	2,00	2,00	2,00	2,00	2,00	2,00	2,00
16	Spanndorn lösen und Ringe abnehmen	1,25	1,25	2,00	2,00	2,70 je Stück	2,70 je Stück	2,70 je Stück	2,70 je Stück
17	Spannschrauben lösen und Spanneisen abnehmen	3,60	3,60	4,80	4,80	2,00	2,00	2,00	2,00
18	Werkst. abheben von Hand < 30 kg	0,80	0,80	0,80	0,80				
19	Werkst. abheben mit Kran > 30 kg	4,30	4,30	4,30	4,30	4,30	4,30	13,80	13,80
20	Teilvorrichtung an- und abbringen				12,75	12,75			
21	Ständer vor- und zurückfahren				5,15	5,15	5,15	5,15	8,00

Diagramm zu Beispiel 3

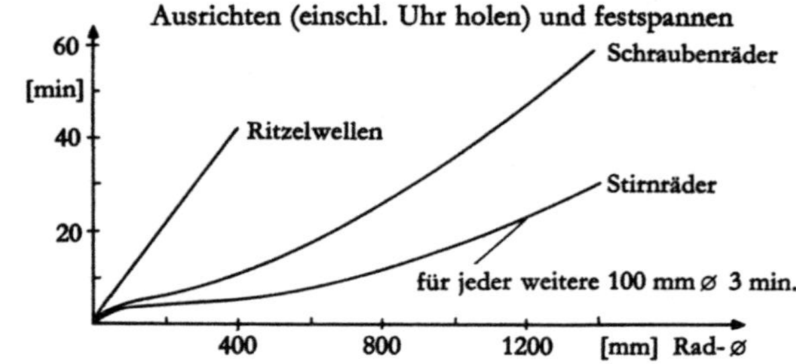

Beispiel 4 : Abwälzfräsen

Nebenzeiten »t_n« pro Werkstück [min]

Art	Gew.	Werkst. ∅	Maschinen RS 1/2	RS 1	RS 2	RS 3	Lorenz	Reineck RF 5	Reineck RF 7	Schieß
Stirnräder	< 30 kg	100	13,75	13,75	14,50	14,50				
	< 30 kg	250	14,75	14,75	15,50	15,50				
	> 30 kg	250	21,75	21,75	22,50	22,50				
	< 30 kg	500		15,25	17,00	17,00				
	> 30 kg	500		22,25	24,00	24,00	38,50	38,50		
	< 30 kg	700				29,60				
	> 30 kg	700				36,60	41,50	41,50	65,10	67,95
	> 30 kg	1000				68,85	80,65	70,15	108,25	88,45
	> 30 kg	1250						68,25	106,35	94,70
	> 30 kg	1700						82,25	120,35	108,70
	> 30 kg	2000							129,35	133,70
	> 30 kg	3000							167,35	163,70
	> 30 kg	5000								193,70

Bemerkung : Bei Zähnezahlen > 40 Z. zu den Werten in den stark umrandeten Feldern zusätzlich:

RS 1/2: + 3,95 | RS 1: + 5,25 | RS 2: + 6,20 | RS 3: + 10,90 | Lorenz: + 14,50

Beispiel 5 :

Zuschläge für Nachschliffe bzw. Auswechseln und Wiedereinstellen der Schneidwerkzeuge		t_{rv} und t_{gv} in %	Zuschläge in % auf die Hauptzeit			
			Werkstoffestigkeit kz in kg/m²			
Abteilung	Maschinen, Art und Größe		25/35	40/55	60/75	80/100
Dreherei	Schraubenautomaten	10	3	6	10	
	Rev. Drehbänke	14	3	4	6	8
	Drehbänke bis 800 mm Sp. H.	13	2	3	5	7
	Drehbänke über 800 mm Sp. H.	12	3	4	6	8
	Karusselldrehbänke	12	2	3	5	7
Bohrerei	Bohr- und Fräswerke	13	3	4	6	8
	Bohrmaschinen	12	2	3	4	5
Fräserei	Horizontal- und Vertikalfräsmaschinen	13	1	2	3	4
	Zahnradfräsmaschinen	13	2	3	4	5
	Gewindefräsmaschinen	10	2	3	4	5
	Gewindeschneidmaschinen	10	3	4	6	8
	Mutternschneidmaschinen	10	1	2	3	4
	Graviermaschinen	10	2	3	5	7
Hobelei	Schnellhobelmaschinen	12	2	3	4	5
	Langhobelmaschinen	10	3	4	6	8
Stoßerei	Stoßmaschinen	12	2	3	4	5
	Zahnradstoßmaschinen	12	2	3	5	7
Schleiferei	Rundschleifmaschinen	12	3	3	3	3
	Zyl. Schleifmaschinen bis 30 mm Schleif-∅	12	10	10	10	10
	Zyl. Schleifmaschinen über 30 mm Schleif-∅	12	7	7	7	7
	Kurbelwellenschleifmaschinen	12	7	7	7	7
	Flächenschleifmaschinen ohne Kühlung	11	2	2	2	2
	Flächenschleifmaschinen mit Kühlung	12	5	5	5	5
Einzahnprofil	Gewindeschleifmaschinen	12	3	3	3	3
Mehrzahnprofil	Gewindeschleifmaschinen	12	8	8	8	8

Beispiel 6 :

Nebenzeiten für das Anstellen und Messen in der Dreherei						t_n in Minuten							
						Fall A Stahl einspannen, anstellen, Maß suchen und Support zurückführen				Fall B Stahl anstellen, messen und Support zurückführen			
Lfd. Nr.	Drehlänge				Tol.	Dreh ∅				Dreh ∅			
	Längs	Plan			mm	50	100	200	400	50	100	200	400
1			a	Schruppen oder Schlichten	0,5	1	1,2	1,5	2,1	0,2	0,3	0,4	0,6
2	200	25	b	Schleifmaß oder Grobpass.	0,1	1,4	1,8	2,4	3,5	0,4	0,6	0,8	1,2
3			c	Schlicht- oder Feinpassung	0,02	1,8	2,4	3,3	4,9	0,6	0,9	1,2	1,8
4			a			1,1	1,3	1,6	2,2	0,3	0,4	0,5	0,7
5	400	50	b			1,5	1,9	2,5	3,6	0,5	0,7	0,9	1,3
6			c			1,9	2,5	3,4	5	0,7	1	1,3	1,9
7			a			1,2	1,4	1,7	2,3	0,4	0,5	0,6	0,8
8	700	75	b			1,6	2	2,6	3,7	0,6	0,8	1	1,4
9			c			2	2,6	3,5	5,1	0,8	1,1	1,4	2
10			a			1,3	1,5	1,8	2,4	0,5	0,6	0,7	0,9
11	1000	100	b			1,7	2,1	2,7	3,8	0,7	0,9	1,1	1,5
12			c			2,1	2,7	3,6	5,2	0,9	1,2	1,5	2,1
13			a			1,5	1,7	2	2,6	0,7	0,8	0,9	1,1
14	1500	150	b			1,9	2,3	2,9	4	0,9	1,1	1,3	1,7
15			c			2,3	2,9	3,8	5,4	1,1	1,4	1,7	2,3
16			a			1,7	1,9	2,2	2,8	0,9	1	1,1	1,3
17	2000	200	b			2,1	2,5	3,1	4,2	1,1	1,3	1,5	1,9
18			c			2,5	3,1	4	5,6	1,3	1,6	1,9	2,5
19	Revolverkopf schwenken									0,1	0,1	0,2	0,2
20	Umdrehung oder Vorschub umschalten									0,2	0,2	0,2	0,3
21	Kreuzsupport konisch stellen									1	1	1,5	1,5
22	Schlichten mit Feile bei Grobpassung Tol. 0,1 mm = Zeit für einen Schlichtschn.												
23	Schlichten mit Feile bei Schlichtpass. Tol. 0,02 mm = Zeit für zwei Schlichtschn.												

Bemerkung : Der Fall A ist zutreffend für den ersten Schnitt bei Arbeiten mit Stahl wechseln und eingespannt bleibendem Werkstück. Für jeden weiteren Schnitt, sowie bei Arbeiten mit Werkstück wechseln und eingestellt bleibendem Stahl, gelten die Werte unter Fall B.

werten von ermittelten Zeiten nachträglich versucht, zu Richtwerten zu kommen. Hier gibt es kaum formelmäßige mathematische oder geometrische Zusammenhänge, und deshalb ist die Wahl der geeigneten Bezugsgrößen eine Frage des guten Einfühlungsvermögens für die Haupteinflußgrößen der Zeitdauer einer Arbeit.

Die beschrittenen Wege, so wie sie während des Betriebsvergleichs gefunden wurden, sind deshalb auch sehr verschieden. An einigen ausgewählten Beispielen mögen die methodischen Gesichtspunkte beim Aufstellen von Richtwerttafeln für Nebenzeiten diskutiert werden.

Beim *Auf- und Abspannen* wird im Beispiel 1 auf Seite 81 (Karussell-Drehbank) [21/Blatt M-315] zunächst nach der Art der Aufspannung und dann nach dem *Werkstückgewicht* unterschieden. Bei Überschreiten einer gewissen Spannschraubenzahl sind noch besondere Zuschläge vorgesehen.

Im Beispiel 2 [14/Blatt A3–32] ist für das Auf- und Abspannen beim Drehen als Bezugsgröße zunächst die Einspannungsart und das Gewicht und dann die *installierte Leistung* gewählt.

Im Beispiel 3 wählt STRUNDEN [49/Blatt ZF 2] die *Maschinentype* und den *Werkstückdurchmesser* als Bezugsgröße, wobei die Zeiten für das Ausrichten außerhalb der Tabelle als Kurvenzüge wiedergegeben werden. STRUNDEN kommt in den Gesamtnebenzeiten zu einer Darstellung, in der der Werkstückdurchmesser bei großen Stücken das Gewicht ablöst und die Maschinentype weiterhin die zweite Bezugsgröße bleibt (Beispiel 4) [49/Blatt ZF 4].

Zu den *das Werkzeug betreffenden Nebenzeiten*, wie das Ansetzen, gehören auch die Werkzeugwechselzeiten nach erreichter Standzeit. Im Beispiel 5 [21/Blatt M-300] werden diese Zeiten als prozentuale Zuschläge zur Hauptzeit angegeben. Nach der Arbeitsart (Abteilung) und der Maschinenart und -größe ist hier die Materialfestigkeit des Werkstückes die Ordnungsgröße, womit man der Materialfestigkeit den Haupteinfluß auf den Werkzeugverschleiß und damit auf die Häufigkeit der nötigen Werkzeugwechsel zuspricht. Dieses Verfahren stellt gegenüber den durch die Zerspanungsforschung ermittelten Zusammenhängen eine starke Vergröberung dar und ist nur mit der Einschränkung verwendbar, daß im Betrieb alle Zerspanungsbedingungen nach einheitlichen Wirtschaftlichkeitsüberlegungen festgelegt sind und dann nur noch die Materialfestigkeit als letzte variable Einflußgröße für den Werkzeugverschleiß übrigbleibt.

Anstell- und *Meßvorgänge* kann man auch zusammen berücksichtigen, weil sie zumeist miteinander gekoppelt auftreten und weil sie von der geforderten *Genauigkeit* des Arbeitsergebnisses bestimmt werden. Im folgenden Beispiel 6 [21/Blatt M-311] wird deshalb die *Toleranz der Maßangaben* zur Unterteilung herangezogen. Drehlänge und Drehdurchmesser dienen daneben zur Beschreibung des Umfangs der Arbeit. Die Hauptspalten A und B versuchen, die Einarbeitung zu berücksichtigen, wie die Fußnote es erläutert.

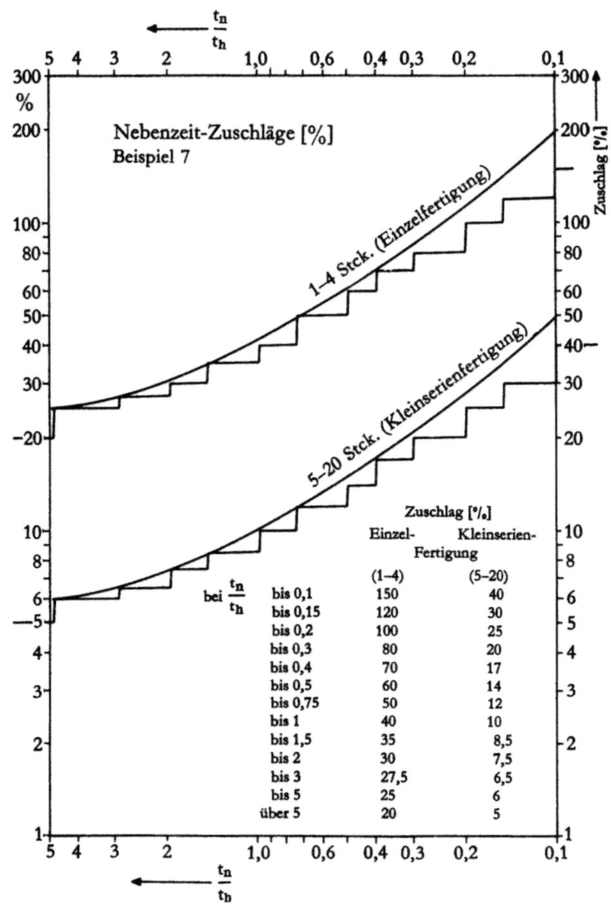

Nebenzeitzuschläge für Einarbeitung in genauer gegliederter Form zeigt Beispiel 7 [14/AV 63]. Zunächst wird dort unterschieden zwischen Einzelfertigung mit 1–4 Stück und Kleinserienfertigung mit 5–20 Stück. Diese beiden Fertigungsmöglichkeiten sind die Parameter für zwei Kurvenzüge. Das *Verhältnis von Neben- zu Hauptzeit* auf der Abszisse bestimmt dann die Höhe des prozentualen Zuschlags.

II. Rüstzeiten

Das Rüsten dient der Vorbereitung der eigentlichen Auftragsausführung. Die Rüstzeiten treten also nur einmalig auf, und man rechnet zu ihnen:

1. Auftragsempfang und Zeichnung lesen
2. Werkzeuge und Hilfsmittel (Spannvorrichtungen) bereitlegen
3. Maschine einrichten und Probelauf
4. Abräumen des Arbeitsplatzes

Beispiel 8 :

Abwälzfräsen, Rüstgrundzeit t_{rg} [min]
(Teilwert ohne Spannmittel)

	Maschinen							
	RS 1/2	RS 1	RS 2	RS 3	Lorenz	Rein. RF 5	Rein. RF 7	Schieß
Stirnräder								
unter 40 Z	27,25	28,60	42,45	49,85	74,20	75,90	75,90	
ab 40 Z	24,80	25,35	38,75	41,95	64,70	75,90	83,40	205,70
Schraubenräder								
unter 40 Z	29,35	31,10	47,90	56,40		85,35	85,35	
ab 40 Z	26,90	27,85	44,20	48,50		75,85	75,85	
Ritzelwellen								
Sämtl.	29,05	35,20	52,90	66,50		92,05	92,05	

Zusatzwerte für Spannmittel und Teilung prüfen [min]

Rad ⌀ mm bis	Maschinen							
	RS 1/2	RS 1	RS 2	RS 3	Lorenz	Rein. RF 5	Rein. RF 7	Schieß
100	6,40	6,40	8,60	12,10				
250	15,70	15,70	22,10	25,60				
500		17,15	25,20	25,20	55,20	55,20		
700				36,90	48,50	48,50	68,10	50,80
1000				38,70	50,30	50,30	69,90	52,60
1250						80,90	100,50	97,30
1700						103,70	102,10	99,90
2000							103,90	188,50
3000							184,50	240,50
5000								293,00
Ritzelwellen	12,20	12,20	14,00	15,35		17,50	17,50	

Zu obigen Werten einen Zuschlag von $t_{rv} = 15\%$

Beispiel 9 :

Richtwerte für Rüstzeiten auf Spitzendrehbänken. (Ausschnitt) [min]

<table>
<tr><th>Nr.</th><th>Rüstart</th><th>3,5 kW</th><th>5,5 kW</th><th>7,5 kW</th><th>11 kW</th></tr>
<tr><td>.
.
.
.</td><td></td><td></td><td></td><td></td><td></td></tr>
<tr><td>5</td><td>Drehbank aufrüsten, abrüsten, säubern:</td><td></td><td></td><td></td><td></td></tr>
<tr><td></td><td>a) zum Drehen zwischen Spitzen:</td><td></td><td></td><td></td><td></td></tr>
<tr><td></td><td>Spitzen einsetzen, herausnehmen</td><td colspan="4">1</td></tr>
<tr><td></td><td>Mitnehmerscheibe aufsetzen, abnehmen</td><td>2</td><td>3</td><td>4</td><td>5</td></tr>
<tr><td></td><td>Drehherz bereitlegen, ablegen</td><td colspan="4">0,5</td></tr>
<tr><td></td><td>Reitstock einstellen, abstellen</td><td>1</td><td>1,5</td><td>1,5</td><td>2</td></tr>
<tr><td></td><td>Dorn holen, prüfen, abgeben</td><td>2</td><td>3</td><td>4</td><td>5</td></tr>
<tr><td></td><td>b) zum Drehen mit Dreibackenfutter:</td><td></td><td></td><td></td><td></td></tr>
<tr><td></td><td>Futter aufsetzen, säubern, abnehmen</td><td>3</td><td>4</td><td>5</td><td>6</td></tr>
<tr><td></td><td>Futterbacken wechseln oder ändern</td><td colspan="4">3</td></tr>
<tr><td></td><td>Futterbacken ausdrehen</td><td colspan="4">für den Fall berechnen</td></tr>
<tr><td></td><td>Gegenspitze einsetzen, herausnehmen</td><td colspan="4">0,5</td></tr>
<tr><td></td><td>Reitstock einstellen, abstellen</td><td>1</td><td>1,5</td><td>1,5</td><td>2</td></tr>
<tr><td>.
.
.
.</td><td></td><td></td><td></td><td></td><td></td></tr>
</table>

Beispiel 10:

Lfd. Nr.	Arbeitsstufen und Griffe für Auf- und Abrüsten (Dreherei)			t_{rg} in min	
1	Auftrag empfangen und besprechen	Neubau		2	
2		Instandsetzung		4	
3	Zeichnung und Arbeitsausführung studieren	leicht		3	
4		mittel		6	
5		schwer		12	
6	Werkzeug holen und abgeben	Wegezeit		5	
7		Ausgabezeit je Werkzeug		2	
8	Arbeit fertig melden			2	
9	Drehbankgrößen nach Spitzenhöhen in mm			150	200
10	Maschine säubern und herrichten für:	Spitzenarbeit	einfach	8	8
11			genau	15	15
12		Dornarbeit zwischen Spitzen	einfach	10	10
13			genau	18	18
14		Spanndornarbeit (fliegend)	einfach	8	8
15			genau	15	15
16		Spannfutterarbeit	normal	8	8
17			Spannbacken wechseln	5	5
18			Formbacken wechseln	5	5
19		Planscheibenarbeit	normal	10	10
20			Klauen schwenken	4	4
21			Klauen umdrehen	10	10
22			mit Spannvorrichtung	20	20
23		Winkelarbeit		30	30
24	Konus stellen	mit Support	einfach	6	8
25			genau	10	15
26		mit Reitstock	einfach	10	12
27			genau	15	18
28		mit Konusschiene	einfach	10	10
29			genau	20	20
30	Lünette aufbauen und einstellen			6	6
31	Wechselräder aufsetzen			5	6
32	Gewindesteigung einstellen			1	1
33	Brücke herausnehmen und wieder einsetzen			15	15
34	Spitze nachschleifen			30	30
35	Zentrische Werkzeuge einrichten			3	3
36	Stahlhalter herrichten und einspannen			3	3

Beispiel 10: (Fortsetzung)

Lfd. Nr.	Arbeitsstufen und Griffe für Auf- und Abrüsten (Dreherei)		t_{rg} in min	
37	Stahl herrichten	Normalstähle	4	4
38		Gewindestähle	8	8
39		Sonderstähle	12	12
40	Stahl einspannen und einstellen	Vordrehen Tol. 0,5	2	2
41		Fertigdrehen Tol. 0,1	3	3
42		Fertigdrehen Tol. 0,02	4	4

Bei Einzelfertigung – wie bei großen Zahnkränzen – rechnet man oft noch das einmalige Einspannen und Einstellen des Werkzeuges (Fräsers) dazu. Der Aufbau von Spannböcken (Spannvorrichtungen) gehört auch in die Rüstzeit, während das Spannen und Ausrichten des Werkstücks selbst zur Nebenzeit zu rechnen ist. Die angetroffenen methodischen Wege und die gewählten Bezugsgrößen entsprechen im allgemeinen denen der Nebenzeit.

In Beispiel 8 [49/Blatt ZF 4] werden die Zeitangaben auf die *Maschinentype* und die Radart und Zähnezahl bezogen; bei den »Zusatzwerten für Spannmittel- und Teilungprüfen« ist der *Raddurchmesser* neben die Maschinentype als Ordnungsgröße getreten. (Das Prüfen der Teilung im Probelauf bei aufgespanntem Werkstück wäre bei Stückzahlen $>$ 1 eine Nebenzeit.)

Beispiel 9 [14/Blatt A 3–32] bezieht sich bei Drehbänken auf die *installierte Leistung* und Beispiel 10 in den letzten beiden Spalten auf die *Spitzenhöhe*. Bei gewissen Arbeiten wird dabei in bezug auf die Maßhaltigkeit der Enderzeugnisse noch nach »einfach« und »genau« unterschieden.

Beispiel 6 und 10 zeigen gut, wie weit man in einer die Arbeit beschreibenden Unterteilung gehen muß, um die vielfältigen zur Neben- und Rüstzeit gehörenden Arbeiten zu erfassen und so eine Grundlage für gerechte Zeitvorgaben auf der Basis von Richtwerten zu gewinnen.

Der Hinweis auf die wechselnden Bezugsgrößen geschah als Erläuterung zu Kapitel 13, I. Die mögliche Gleichwertigkeit oder Austauschbarkeit der gewählten Maßgrößen könnte auf dem dort geschilderten Wege in jedem betrieblichen Einzelfalle festgestellt werden.

2.4 Verteilzeit, Mehrverdienstzuschläge, Mehrmaschinenbedienung

I. *Die Verteilzeit* oder Verlustzeit wird als Prozentsatz der Normal-Grundzeit angegeben. Man unterscheidet persönlich und sachlich bedingte Verteilzeiten. Bei den letzteren finden sich schon Übergänge zu den Neben- und Rüstzeiten. So sind Tätigkeiten, wie

Maschine schmieren und säubern,
allgemein benötigtes Werkzeug herauslegen,
Werkzeug schärfen und auswechseln,
Schmiermittel holen,
Arbeitsplatz säubern,

an sich keine Zeitverluste [35/Blatt Vlz 1/1], sondern sie gehören zur Neben- oder Rüstzeit.

»... Beispielsweise gehört das *Schärfen der Werkzeuge* zunächst zur Rüstzeit und ist auch dort zu vergüten; im weiteren Verlauf der Fertigung aber ist es eine Nebenzeit in Abhängigkeit von der Beanspruchung des Werkzeugs. In vielen Fällen – besonders dort, wo es sich um häufig wechselnde Arbeitsaufgaben handelt – werden aus Gründen der vereinfachten Verrechnung diese Zeiten aber in die Gruppe der Zeitverluste eingereiht.« [35/Blatt Vlz 1/1.]

Zu diesen Fragen der Begriffsabgrenzung kommen dann je nach Betrieb noch unterschiedliche organisatorische Gegebenheiten, wie

Länge der Wege,
Ausfallhäufigkeit durch Störungen,
Aufbau des innerbetrieblichen Mitteilungswesens,
Organisation des Lohnempfanges u. a.,

die alle auf die Höhe der Verteilzeit einen Einfluß haben.

Damit ist begründet, warum sich bei der Verteilzeit überbetriebliche Richtwerte nicht geben lassen. Die Methode der innerbetrieblichen Ermittlung solcher Werte ist ein Bestandteil der REFA-Lehre und braucht deshalb hier nicht besprochen zu werden. Die beiden Hauptmöglichkeiten sind entweder

1. Die Zeitstudie über längere Zeiträume (1 Woche) oder
2. die stichprobenartige statistische Zählung (Multimomentaufnahme), die sich in neuerer Zeit einzuführen beginnt.

Die Orientierungsgrundlage für Richtwerte wird immer zunächst die Betriebsabteilung und dann die Maschine nach ihrer Art und Größe sein. So zeigt auch das Beispiel 5 in der Spalte 3 (s. vergangener Abschnitt 2.3) eine Aufstellung, die sich an diese Einteilung hält.

II. Mehrverdienstzuschläge innerhalb der Zeiten sind ein Übelstand, der die ganze angestrebte Genauigkeit bei Zeitstudien und Zeitvorgaben verwischt. Da der Betriebsvergleich jedoch gezeigt hat, daß drei von den 20 Betrieben solche Zuschläge in direkter Form – schwankend zwischen 10 und 30% – gaben, andere Betriebe den gewollten Überverdienst in indirekter Form in andere Zeitarten hineinlegten, sei auch hier eine kurze Bemerkung darüber eingefügt.
Der Mehrverdienst kann in die Hauptzeit (t_h) gelegt werden, indem die Schnittbedingungen günstiger bemessen werden; er kann durch reichliche Neben- und Rüstzeiten (t_n und t_r) erreicht werden; der Verteilzeitzuschlag (t_v) kann bewußt hoch gewählt werden, oder man kann den Reduktionsfaktor bei Mehrmaschinen-

bedienung (c_z) größer als erforderlich machen. Für den Fall des direkten Zuschlages rechneten die Betriebe nach der Gleichung:

$$T_e = (t_h + t_n) \cdot \left(\frac{100 + t_v \cdot \%_0}{100}\right) \cdot \left(\frac{100 + t_m \cdot \%_0}{100}\right) + t_r$$

oder:

$$T_e = \left[(t_h + t_n) \cdot \left(\frac{100 + t_v \cdot \%_0}{100}\right) + t_r\right] \cdot \left(\frac{100 + t_m \cdot \%_0}{100}\right)$$

worin also auch die Rüstzeit einen Mehrverdienstzuschlag erhält.
Die auf solche Weise reichlich vorgegebene Zeit erleichtert das Erreichen eines guten Zeitgrades (ηt), der ja das Verhältnis der im Akkord vorgegebenen zu der im Durchschnitt gebrauchten Arbeitszeit ist und der damit auch das Verhältnis des wirklichen durchschnittlichen Stundenverdienstes gegenüber dem Akkordrichtsatz angibt. So bleiben die tariflichen Vereinbarungen als Grundlage der Löhne unangetastet, und der aus innerbetrieblichen Erwägungen trotzdem zu gewährende Verdienst muß bereits in das Zeitgerüst »hineingearbeitet« werden. Die Mehrverdienstzuschläge haben also ihre Grundlage in der Lohnpolitik und entziehen sich so einer Systematisierung auf wissenschaftlicher Ebene. Sie waren nur der Vollständigkeit halber aufzuführen, und die betriebliche Kalkulation sollte streng zwischen den wirklichen Zeitwerten und solchen Verdienstzuschlägen unterscheiden, um für die Planung und Rechnung stets die durch die Technologie der Verfahren gegebenen Daten zur Verfügung zu haben.

III. Die Reduktionsfaktoren bei *Mehrmaschinenbedienung* können, wie eben erwähnt, zwar auch mit dem Ziel eines gewollten Überverdienstes festgesetzt werden, jedoch soll sich dieser Abschnitt nur mit der organisatorisch-technischen Seite des Problems befassen.
Wie in der Gleichung der Fertigungskosten des Abschnittes (2.1) ersichtlich ist, bestimmt der Reduktionsfaktor jenen Anteil der vorgegebenen Maschinenzeit aller Maschinen, der dem Arbeiter bezahlt wird. Mehrmaschinenbedienung hat also *nur* Einfluß auf den Lohnkostenanteil der Fertigungskosten.
Bei dem Betriebsvergleich fiel zunächst auf, daß diese Reduktionsfaktoren sehr unterschiedlich festgesetzt waren, wie die obere Abbildung der folgenden Seite zeigt. Hinzu kam noch, daß manche Betriebe die Rüstzeit voll vorgaben und nur den verbleibenden Rest der Maschinenzeit reduzierten.
Die Multiplikation der Reduktionsfaktoren (c_Z) mit der Zahl der bedienten Maschinen (Z) ergibt die Punkte für Summenkurven, deren Mittel nach einem starken Anstieg bei Zweimaschinenbedienung später flacher verlaufen würde. Daß diese Kurve überhaupt die 100%-Linie übersteigt, erscheint selbst bei flüchtiger Überlegung verständlich, da mit der Zahl der zu bedienenden Maschinen auch die *Wahrscheinlichkeit, daß mehrere Maschinen zugleich stehen*, zunimmt. Dieses, aber auch nur dieses, hat der über der 100%-Linie liegende Teil der Kurve zu berücksichtigen. Die höheren Anforderungen an die Aufmerksamkeit und das Dispositionsvermögen des Bedienenden sind hingegen eine Frage der *Arbeitsbewertung* und damit letztlich der Einstufung in eine angemessene Lohngruppe.

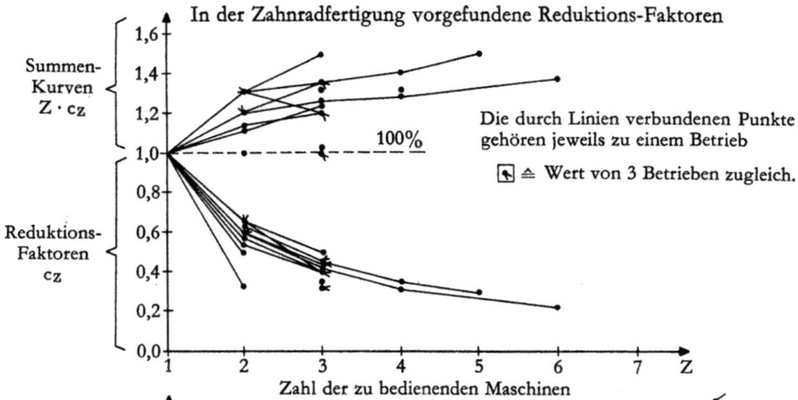

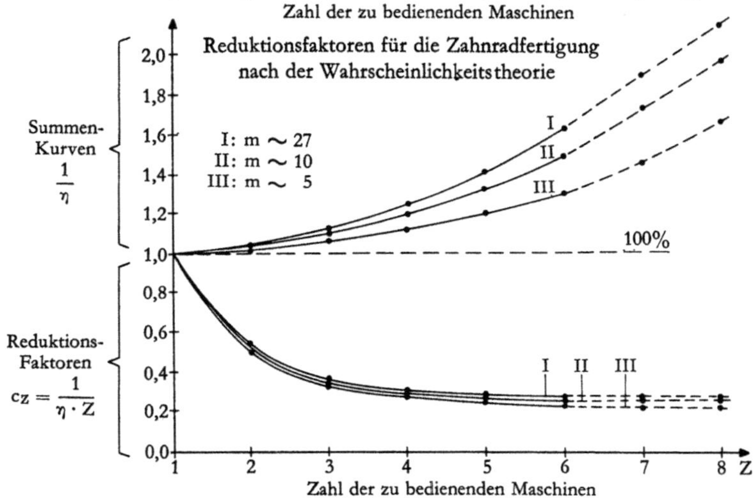

	I: b = 0,27, ∼ m = 27			II: b = 0,25, ∼ m = 10			III: b = 0,21, ∼ m = 5		
Z	η	$\frac{1}{\eta}$	$\frac{1}{\eta \cdot Z}$	η	$\frac{1}{\eta}$	$\frac{1}{\eta \cdot Z}$	η	$\frac{1}{\eta}$	$\frac{1}{\eta \cdot Z}$
1	1,0	1,00	1,00	1,0	1,00	1,00	1,0	1,0	1,0
2	0,955	1,048	0,524	0,963	1,037	0,518	0,975	1,025	0,513
3	0,89	1,123	0,374	0,91	1,10	0,367	0,94	1,063	0,354
4	0,80	1,25	0,313	0,89	1,19	0,298	0,89	1,123	0,28
5	0,71	1,41	0,282	0,75	1,334	0,266	0,83	1,205	0,24
6	0,61	1,64	0,273	0,663	1,50	0,25	0,765	1,305	0,218
7	0,52	1,92	0,27	0,57	1,75	0,25	0,67	1,49	0,213
8	0,46	2,18	0,27	0,50	2,0	0,25	0,59	1,70	0,212

$\frac{1}{\eta}$ = Summenkurve

$\frac{1}{\eta \cdot Z}$ = Reduktionsfaktor

Die so stark streuenden Reduktionsfaktoren bei Mehrmaschinenbedienung würden also einer einheitlichen Behandlung als Richtwerte zugänglich werden, wenn der Verlauf dieser Summenkurven nach Tendenz und absoluter Größe bestimmt werden könnte. Das gelang dem Verfasser nach folgenden Vorarbeiten:

TIMME [52] unterscheidet innerhalb der Zeiten bereits solche, die der Bedienende aufbringen muß, gegenüber jenen, die die Maschine insgesamt belegt ist. Er definiert aus dem Verhältnis dieser Zeiten einen sogenannten »Lastgrad« oder »Beanspruchungsgrad«.
WEDEKIND [54] baut diese Ansätze weiter aus und kommt zu einem Ausdruck für einen »Beanspruchungsteil«, in dem nur noch die Anzahl der durch irgendwelche Unregelmäßigkeiten zusätzlich wartenden Maschinen zu bestimmen ist. VILLERS [53] endlich errechnet die nach der Wahrscheinlichkeitstheorie zu erwartenden Überschneidungen der Maschinenstillstände, und das Ergebnis dieser Rechnungen konnte zur Lösung des vorliegenden Problems herangezogen werden.

Aus den verschiedenen Organisationsformen der Mehrmaschinenbedienung traf für die Zahnradfertigung, wie auch sonst vorwiegend, der Fall der »Mehrmaschinenbedienung bei laufender Bedienung der stillstehenden Maschine« zu. Das hierfür von VILLERS angegebene Diagramm [53/Abb. 1312b] zeigt die folgende Seite.

Auf der Abszisse bedeutet der Ausdruck

$$b = \frac{d_h}{d_h + d_l}$$

den »Arbeitsfaktor« einer Maschine. In der Gleichung ist:

d_h = Vom Arbeitsstudienmann festgestellte Handzeiten, die *ohne* Behinderung durch Mehrmaschinenbedienung aufgenommen worden sind
d_l = automatische Maschinenlaufzeiten
(s. nebenstehende Abb.)

Nun entsprechen den Bezeichnungen von VILLERS die folgenden:

Nach VILLERS:	Bezeichnungen im Betriebsvergleich:
$d_h + d_l$	T_E (Gesamtmaschinenzeit)
d_l	t_h (Hauptzeit)
Handzeit d_h	$T_E - t_h$

Die Unterlagen des Betriebes gestatteten es also, für alle Verzahnungsarbeiten – denn um diese handelte es sich bei Mehrmaschinenarbeit fast ausschließlich – den Abszissenwert im Diagramm von VILLERS zu bestimmen.

Die rechte Ordinate in diesem Diagramm

$$\eta = \frac{T_{n\,ges} - t_{v\,ges}}{T_{n\,ges}}$$

Wirkungsgrad und Behinderungsverlustzeiten nach der Wahrscheinlichkeitstheorie. (Nach VILLERS)
(Mehrmaschinenarbeit bei laufender Bedienung der stillstehenden Maschinen. Maschinenzahl n ist Parameter)

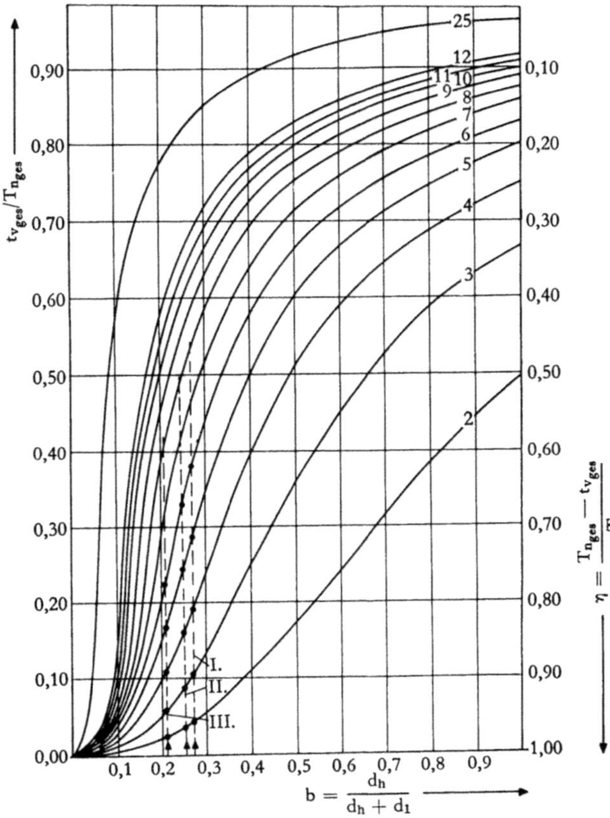

ist der zeitliche Wirkungs- oder Ausnutzungsgrad von (n) Maschinen. Es bedeutet:

$T_{n\,ges}$ = Gesamtarbeitszeit an (n) Maschinen insgesamt, einschließlich aller Behinderungsverlustzeiten
$t_{v\,ges}$ = Gesamtbehinderungsverlustzeiten aller (n) Maschinen

Das Verhältnis der Handzeiten zu der Gesamtmaschinenzeit einerseits und die Zeit der zu bedienenden Maschinen andererseits sind also jene beiden Einflußgrößen, die die Wahrscheinlichkeit der auftretenden überlappenden Stillstände und die sich daraus ergebenden *zusätzlichen* Verlustzeiten bestimmen. (η) gibt dann an, wie die Maschinen bei Mehrmaschinenbedienung zeitmäßig (schlechter) ausgenutzt sind im Verhältnis zur Einmaschinenbedienung. (Geht man zum Beispiel bei einer Arbeit mit b = 0,6 von Ein- auf Zweimaschinenbedienung über, so zeigt das Diagramm, daß beide Maschinen zeitlich nur etwa das 0,76fache dessen ausgelastet sein werden, was sie bei Einmaschinenbedienung ausgelastet

sein könnten; bei Dreimaschinenbedienung nur das 0,55fache usw.) Da nun bei Bestimmung der dem Arbeiter bezahlten Zeit (T_B) von der errechneten Maschinenzeit (T_E) bei nur Einmaschinenbedienung ausgegangen wird, ist der Reduktionsfaktor für Mehrmaschinenbedienung nicht einfach das Reziproke der Zahl der zu bedienenden Maschinen $\left(\frac{1}{Z}\right)$, sondern er muß größer sein, um die jetzt zusätzlich auftretenden Verlustzeiten zu berücksichtigen, und zwar um so viel größer, wie (η) sich verschlechtert, das heißt im Verhältnis $1/\eta$!
Diese Überlegungen erlauben es mit Hilfe des Diagramms, den Verlauf der Summenkurve für die Verhältnisse der Zahnradfertigung zu bestimmen.
Eine Durchrechnung dreier Vergleichsobjekte aus den Unterlagen des Betriebsvergleichs auf das Verhältnis der Handzeiten zu den Gesamtmaschinenzeiten hin zeigt folgendes Ergebnis (Mittelwerte aus allen teilnehmenden Betrieben):

Modul (m)	Arbeitsfaktor $b = \frac{d_h}{d_h + d_l}$ (VILLERS) $= \frac{T_E - t_h}{T_E}$
5	0,21
10	0,24
27	0,27

Die Veränderung dieses Verhältnisses über den großen Modulbereich ist also recht gering. Die Streuung der Einzelwerte war ebenfalls gering genug, um aus diesen Zahlen den allgemeinen Schluß ziehen zu können, daß für die Zahnradfertigung der Bereich für den Arbeitsfaktor (b) etwa zwischen 0,2 und 0,3 und im Mittel bei ungefähr 0,25 liegt. (Eine Vergleichsrechnung innerhalb der *Drehoperationen* lieferte z. B. für (b) einen Mittelwert von 0,5 bis 0,6.)
Die Werte für die jetzt nach der Wahrscheinlichkeitstheorie bestimmbaren Summenlinien zeigt die Tabelle, die sich mit der graphischen Darstellung unten auf dem gleichen Blatt mit den wirklich vorgefundenen Reduktionsfaktoren befindet. Sowohl die Tendenz wie die Absoluthöhe der Summenkurve ist gegenüber den vorgefundenen Werten verändert. Das progressive Ansteigen der Summenkurven wird durch die Überlegung verständlich, daß bei wachsender Zahl der zu bedienenden Maschinen die Wahrscheinlichkeit, daß mehrere Maschinen zugleich stehen, sehr stark zunehmen muß.
Die Werte $Z = 7$ und $Z = 8$ wurden praktisch zwar nicht angetroffen, aber es zeigt sich hier bereits ein so starker Anstieg der Summenlinie, daß eine Verringerung der Reduktionsfaktoren nicht mehr möglich ist.
Fragt man sich, wie der Unterschied zwischen den wirklichen Werten gegenüber denen der Wahrscheinlichkeitstheorie zu begründen ist, so darf man nach den Erfahrungen des Betriebsvergleichs wohl sagen, daß die Richtwerte der Reduktionsfaktoren als grobe »Erfahrungswerte« vorliegen, die dann auch generell für alle Maschinenarbeiten in Mehrstellenarbeit gültig sind; man bewertet also sowohl

Dreh- wie Fräsoperationen bei Mehrmaschinenbedienung mit dem gleichen Reduktionsfaktor, obgleich deren Arbeitsfaktor (b) durchaus nicht der gleiche ist.

Die Größe der nach der Wahrscheinlichkeitstheorie gefundenen Reduktionsfaktoren (c_Z) wird durch die Modulgröße – also auch Werkstück- bzw. Maschinengröße – wenig beeinflußt, und die Kurven liegen eng beieinander. Mit der Erfahrung, daß bei großen Maschinen zwei bis höchstens drei Maschinen bedient werden und nur bei kleinen Maschinen ein $Z > 3$ vorkommt, läßt sich aus dem Diagramm eine nach der sicheren Seite hin rechnende und dann für Verzahnungsarbeiten gültige Empfehlung für die Reduktionsfaktoren geben:

Zahl der zu bedienenden Maschinen (Z):	1	2	3	4	5	6
Reduktionsfaktor (c_Z):	1	0,53	0,38	0,3	0,26	0,23

Damit ist die technisch-organisatorische Seite des Problems behandelt.
Ob und inwieweit Mehrstellenarbeit überhaupt möglich ist, wird nicht nur von der Seite des Verfahrens her entschieden, sondern

die Größe des Maschinenparks eines Betriebes und dessen räumlicher Aufbau, der Umfang des Fertigungsprogramms und die Organisationsgüte

sind weitere Einflußgrößen. Für das Zeitgerüst konnten in diesem Abschnitt aber die Grundlagen für eine gerechte Vorgabezeit und für einen Überblick über die wahrscheinlich auftretenden Zeitverluste in Form von überlappenden Maschinenstillstandszeiten gegeben werden.
Von hier aus läßt sich selbst an diesem etwas verwickelten Problem noch die Durchführbarkeit einer eingangs gestellten Grundforderung demonstrieren, nämlich die jetzt erst *anschließende* Bewertung und damit die Beurteilungsmöglichkeit für die Wirtschaftlichkeit:

Übersehbar und voraussagbar sind – wie erläutert – die zeitliche Ausnutzung und die Zeitverluste bei Mehrmaschinenbedienung; läßt man zu viele Maschinen von einer Person bedienen, werden die Maschinen große Stillstandzeiten haben, läßt man zu wenige Maschinen bedienen, kommt der Arbeiter zu unverschuldeten Wartezeiten.

Die *Bewertung* in Form einer Gewichtung dieser Zeitverluste geschieht nun durch die *Stundenkosten* der Maschine und die des Arbeiters. Mit ihrer Hilfe läßt sich für Planungszwecke schnell ein Kostenminimum ermitteln, das bei großen Maschinen gegenüber einem zeitgünstigsten (Z) natürlicherweise stark zu einem *kleineren* (!) kostengünstigeren (Z) den Ausschlag geben wird.

2.5 Die Maschinenstunde als Planungsgrundlage

Alle bisher behandelten Zeitarten und die zu ihrer Bestimmung vorher notwendigen anderen technischen Richtwerte münden ein in die Maschinenstunde, die bei Einmaschinenbedienung der Arbeiterstunde entspricht. Die Maschinenstunde (T_E), so wie sie als Vorgabezeit in den Betrieben errechnet wird, bildet auch die Grundlage für den Betriebsvergleich in der Zahnradfertigung, wobei dann nachträglich über den Zeitgrad (η_t) die im Durchschnitt wirklich gebrauchte Zeit (T_{eff}) gefunden wurde und als Vergleichsgröße diente.

Auch die Literatur vermochte einige Hinweise zu geben:

Rummel [38/S. 5ff.] sagt in einer Übersicht über die häufigsten Maßbezugsgrößen, daß der Arbeitsstundenmaßstab und der damit in Zusammenhang stehende Lohnsummenmaßstab wohl die verbreitetsten aller Maßstäbe seien, letzterer in Form der Zuschlagskalkulation. Doch dann schränkt er ein:

»... Aber die Proportionalität ist roh; die gesamte Technik des Rechnungswesens schreitet immer mehr zur Betonung des Zeitbegriffs, und so nimmt die Maschinenstunde als Maßstab zu.»

Auch Kubli [24/S. 360] kommt bei der Diskussion von Meßgrößen für die Wirtschaftlichkeit in Form von Verhältniszahlen und Stundenkostensätzen zu dem Ergebnis,

»... daß für die Wirtschaftlichkeit der Leistungserbringung nicht in erster Linie die Entwicklung dieser Kostensätze, sondern der Leistungseinsatz, in unserem Falle der Verbrauch an Fertigungsstunden oder Maschinenstunden maßgebend ist«.

Um auf der Grundlage von Maschinenstunden allerdings zu Richtwerten zu kommen, ist noch ein weiterer Schritt erforderlich, nämlich die Klärung der Frage, auf welche Basis sich solche Angaben beziehen sollten. Das Einzelzahnrad zum Beispiel – eingeordnet in eine Typenreihe – könnte als Einheit dienen. Das im folgenden wiedergegebene Beispiel greift jedoch zu bedeutend größeren Einheiten und sucht den Aufwand an Maschinenstunden für vollständige *Getriebe* zu erfassen. Bei diesem von Bernd [5] unternommenen Versuch liegt eine Getriebereihe von gleichbleibender Type – aber verschiedener Größe – zugrunde.

Diese Typenreihe wird trotz aller Problematik charakterisiert durch das *Gewicht* des Getriebes, das als unabhängige Veränderliche auftritt. Der Zusammenhang dieser sehr roh erscheinenden Bezugsgröße mit der aus konstruktiven Überlegungen festgelegten Größe des *Achsabstandes* ist von Bernd [5] ebenfalls untersucht worden (s. nebenstehnde Abb.).
Der stetige Kurvenzug zeigt an, daß die Maßbezugsgrößen miteinander austauschbar sind. Im Bereich bis zu Getriebegewichten von 3000 kg ist auch noch die Abhängigkeit zum Außenraddurchmesser dargestellt. Beide Kurven weisen die geometrische Ähnlichkeit der untersuchten Getriebegrößen recht gut nach; die Gewichte ändern sich in dritter Potenz mit den Längen (Achsabstand, Außenraddurchmesser). Die Gewichte sind deshalb auch die empfindlichere und besser geeignete Meßgröße.

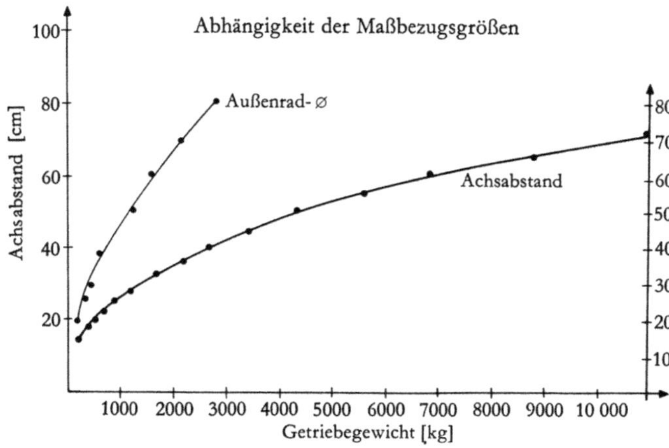

Das umseitig wiedergegebene Gesamtdiagramm, das ursprünglich als Tabelle vorlag, gestattet es, den Zeitaufwand der einzelnen Betriebsabteilungen bei einem Auftragseingang sicher zu planen; es gestattet außerdem, für in der Größe zwischen den bisherigen Modellen liegende Neukonstruktionen den Fertigungsaufwand an Maschinenstunden vorauszusagen.

Der in der Darstellung auffallende Sprung in der Kurve »Verzahnung (Abwälzfräsen)« wird dadurch hervorgerufen, daß bei größeren Getrieben – also größeren Rädern und größeren Modulen – das Verfahren des Abwälzfräsens von dem des Stoßens abgelöst wird.

Diese Richtwerte haben neben der Möglichkeit, mit ihnen schnell arbeiten und planen zu können, den Vorteil, daß sie eine gleichmäßige Ausrichtung der Betriebsrechnungen nach zwei Seiten bewirken können:

nach oben in der Angebotskalkulation und letztlich in den Angebotspreisen; nach unten in der Planung der Maschinen- und Werkstattbelegung und bis zu den Vorgabezeiten hin.

Der technisch-organisatorische Fortschritt in der Fertigung, der den Trend dieser Kurven zu einem flacheren Verlauf hin verändern wird, ist in jedem Falle langsamer, schwankungsfreier und ausgeglichener als alle Wert- und Preisänderungen und kann deshalb leicht nach größeren Zeitintervallen in den Kurven und Tabellen berücksichtigt werden. Eine prozentual gleiche Leistungssteigerung in *allen* im Diagramm dargestellten Fertigungsabteilungen würde sogar nur eine Änderung des Ordinatenmaßstabes verlangen, um das Diagramm stets dem neuesten Stand anzupassen.

Dieses Beispiel sollte zeigen, wie weit man in der Wahl von fertigungstechnisch zu beschreibenden Erzeugniseinheiten gehen kann, wie man sich der Maßbezugsgrößen versichert und wie man gerade über die Maschinenstunden zu aufschlußreichen und über einen längeren Zeitraum gültigen Kennzahlen und Richtwerten kommen kann.

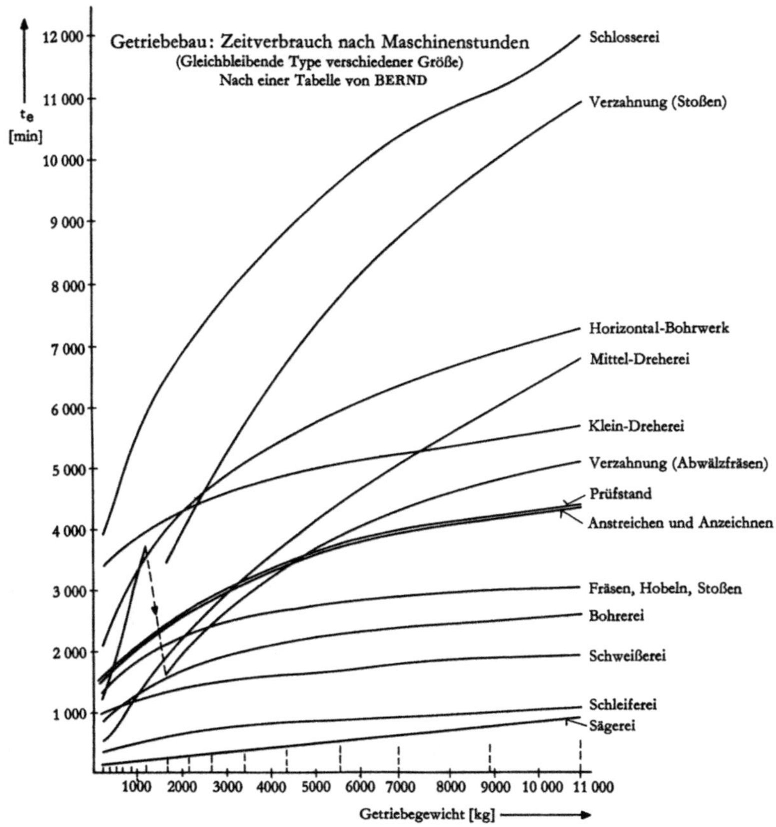

2.6 Technische Richtwerte als Grundlage für die Maschinenstundenkosten

In der im Abschnitt 2.1 entwickelten Gleichung für die Maschinenstundenkosten, die nur die formelmäßige Fassung des dort wiedergegebenen Formulars aus dem Betriebsvergleich war, leiten einige technische Daten zu den Kosten über:

$$K_M \text{ (je Std.)} = \underbrace{N \cdot \eta_{N,t} \cdot C_e}_{\text{Stromkosten}} + \underbrace{c_s \cdot (F_o \cdot f \cdot C_F)}_{\text{Raumkosten}} + \underbrace{A \cdot b \cdot \frac{1}{2200}}_{\text{Abschreibung}}$$

$$+ \underbrace{\frac{1}{Zs} \cdot A \cdot \frac{p}{2} \cdot \frac{1}{2200}}_{\text{Verzinsung}} + \underbrace{K_r}_{\text{Restgemeinkosten}}$$

Es ist vorauszuschicken, daß im Restgemeinkostensatz noch Kostenanteile enthalten sind, die man ebenfalls einzeln aufführen könnte, jedoch sind diese Kostenanteile stets erst nachträglich über die Kostenstellen oder Hilfskostenstellen auf die einzelne Maschine umgeschlagen; so die Kosten für Hilfs- und Betriebsstoffe Hilfslöhne und Gehälter, Ausschuß und Mehrkosten, Kosten der Hilfsstellen der Fertigung usw.

Platzbedarf von Maschinen (Beispiel)

Drehbänke und Rundschleifmaschinen (mit bewegl. Support) bis 5000 mm Spitzenweite (Schleiflänge) Ausgangsgrößen sind Spitzenweite oder Schleiflänge.

Spitzenweite oder Schleiflänge mm	Notwendige Arbeitsfläche m^2	Spitzenweite oder Schleiflänge mm	Notwendige Arbeitsfläche m^2	
200	4,0	2600	17,2	
400	5,1	2800	18,3	
600	6,2	3000	19,4	
800	7,3	3200	20,5	
1000	8,4	3400	21,6	
1200	9,5	3600	22,7	
1400	10,6	3800	23,8	
1500	11,1	4000	24,9	
1600	11,7	4200	26,0	
1800	12,8	4400	27,1	Steigerung pro
2000	13,9	4600	28,2	200 mm Spitzen-
2200	15,0	4800	29,3	weite (Schleiflänge)
2400	16,1	5000	30,4	mm 1,1 m^2
2500	16,6			

Zentriermaschinen: Arbeitsfläche der Drehbänke abzüglich 20–25%

Ansatz bei anderen Maschinenarten

Maschinenart	Ausgangsgrößen
Drehbänke und Rundschleifmaschinen mit bewegl. Support über 5000 mm Spitzenweite bzw. Schleiflänge	Spitzenhöhe *und* Spitzenweite. Nach der Formel: F = * siehe unten ergibt sich je ein Flächenanteil für Spitzenhöhe und Spitzenweite
Revolverdrehbänke Einständer-Karusseldrehbänke Zweiständer-Karusselldrehbänke	Spindelbohrung (Werkstoffdurchlaß) Planscheibendurchmesser Planscheibendurchmesser
Normale Fräsmaschinen aller Art und Läufersägen (nicht Räderfräsmaschinen, Planfräsmaschinen) Waagerecht-Bohr- und Fräswerke mit festem Aufspanntisch Waagerecht-Bohr- und Fräswerke ohne Tisch	Tischlänge Spindeldurchmesser Spindeldurchmesser
Hobelmaschinen aller Art	Fläche aus Hobelbreite × Bettlänge (bei Maschinen mit überfahrenden Tischen für Bettlänge 2× Tischlänge)
Kurzhobler (Schnellhobler, Shapingmaschinen) Stoßmaschinen (auch Schnell- und Starr-Stoßmaschinen)	Hub, nach Formel: $F = \frac{\text{Hub (mm)}}{100} + 1\ (m^2)$ Tischdurchmesser
Säulen-Radialbohrmaschinen Ständer- (Säulen-)Bohrmaschinen und Feinbohrwerke (keine Radial- oder Wandradialbohrmaschinen)	Ausladung Tischabmessung, bei Rundtischen der Tischdurchmesser, bei Rechtecktischen die Länge (große Abmessung)
Verzahnungsmaschinen normaler Bauart (1 fester Ständer, beweglicher Tisch)	Größter zu bearbeitender Rad-Durchmesser
Kreissägen für Metallbearbeitung Bügelsägen (Schnellsägen)	Sägeblattdurchmesser Sägeblattlänge (Abstand der Haltebolzen)

Ansatz bei anderen Maschinenarten (Fortsetzung)

Maschinenart	Ausgangsgrößen
Rundschleifmaschinen mit bewegl. Schlitten (fester Support)	Schleiflänge
Schleifscheibe, Schmirgelscheiben, Schleifböcke	Scheibendurchmesser
Schmiedehämmer	Bärgewicht
Dickenhobelmaschinen und Abrichthobelmaschinen, auch Kreissägen für Holzbearbeitung	Hobelbreite, bei Kreissägen der Blattdurchmesser
Bandsägen für Holzbearbeitung	Rollendurchmesser

$$* F = \frac{\text{Spitzenhöhe (in mm)} \cdot 2}{100} (m^2) + \frac{\text{Spitzenweite (in mm)} - 5000}{285{,}7} (m^2) + 25\ m^2$$

Im Betriebsvergleich wurden – auch formularmäßig – die Werkzeugkosten zwar gesondert errechnet, jedoch werden in der Praxis der betrieblichen Kostenermittlung die insgesamt angefallenen Werkzeugkosten erst nachträglich aufgeschlüsselt und den Maschinenstundenkosten hinzugerechnet.

Im zweiten Glied der Gleichung steht der Faktor (F_o) als *Flächenbedarf* der Maschine und der Faktor (f) als Zuschlagsfaktor für Bedienung, Lagerung und Wegeanteil. In welcher Weise hier eine Richtwertaufstellung möglich ist, zeigt das folgende Beispiel (3.1). Darin ist jeweils eine den Flächenbedarf hauptsächlich bestimmende, charakteristische Maschinengröße oder eine Kombination solcher Größen herausgegriffen, als deren Funktion der Flächenbedarf dargestellt wird. Die Abhängigkeiten sind in den oberen Bereichen oft annähernd linear, so daß die Tabelle wie im angeführten Beispiel mit einer Anweisung für Extrapolationen schließen kann.
Die anschließend aus dem gesamten Tabellenwerk lediglich wiedergegebenen Maschinenarten und deren »Ausgangsgrößen« (als Maßbezugsgrößen für ihren Flächenbedarf) verdienen wegen der bisweilen überraschenden Zusammenfassung von Maschinenarten und der Wahl ihrer Bezugsgrößen besondere Aufmerksamkeit.
Der angegebene Flächenbedarf der Maschinen bezieht sich auf die Arbeitsfläche; das ist die Fläche, die zur Erledigung der in Frage kommenden Arbeiten notwendig ist. Ein für eine ganze Halle oder Abteilung noch zu ermittelnder Zuschlagfaktor (f) hätte noch die Wege-, Lager- und Hilfsflächen zu berücksichtigen, deren Größenordnung zwischen 100 und 1000% der Arbeitsfläche liegen kann.

Im ersten Glied der Gleichung für die Maschinenstundenkosten steht neben der installierten Leistung (N) als technische Angabe noch der zeitliche und leistungsmäßige Ausnutzungsgrad ($\eta_{N,t}$). Diese Größe hat ihre Bedeutung vorwiegend bei genauen, kalkulatorischen Rechnungen; sie ist zumeist nur für ganze Maschinengruppen oder Abteilungen im Durchschnitt bekannt und auch nur dann, wenn für diese eine gesonderte Zählung der verbrauchten elektrischen Energie möglich ist.

Wichtiger als diese Kenntnis ist das Bestreben, in der Planung von vornherein eine möglichst große Ausnutzung der Maschinenleistung (N) zu erreichen und so zu kurzen Bearbeitungszeiten (t_h) zu kommen. (Die Behandlung dieser Frage hätte deshalb auch im Kapitel (2.2) erfolgen können.)

In der Gleichung:

$$N = \frac{q \cdot K_s \cdot v \cdot 0{,}736}{60 \cdot 75 \cdot \eta} \text{ (KW)}$$

bedeutet:

q = Spanquerschnitt [mm^2]
v = Schnittgeschwindigkeit [m/min]
η = Maschinenwirkungsgrad [0,85]
K_s = spezifische Schnittkraft des zu bearbeitenden Materials [kg/mm^2]

Die Gleichung liefert den Ansatz für eine gute Ausnutzung der Maschinenleistung.

Im AWF-BLATT 158 wird hierauf aufbauend eine Richtwertaufstellung der spezifischen Schnittkräfte gegeben, von denen eine Auswahl umseitig wiedergegeben ist. Der Werkstoff und dessen Festigkeit bzw. Härte sind neben dem Vorschub die Ordnungsgrößen für die spezifischen Schnittkräfte, worin vernachlässigt ist, daß andere Schnittgeschwindigkeiten, Werkzeugwinkel und andere Wärmebehandlung der Werkstoffe ebenfalls Einfluß auf die spezifischen Schnittkräfte haben. Sie sind sogar bei verschiedenen Spanquerschnitten verschieden.
Bei den im gleichen AWF-BLATT angegebenen Empfehlungen für die Schnittgeschwindigkeit (v) bei einer Standzeit von 240 min ist neben dem Vorschub wiederum nur die hauptsächliche Einflußgröße (v) herausgestellt, obgleich z. B. ein veränderter Spanquerschnitt die Standzeit ebenfalls beeinflußt.
Beide Tafeln zeigen noch einmal das bei jeder Kennzahlen- und Richtwertbildung gleiche Bestreben, auf der Basis der *hauptsächlichen* Einflußgrößen die Erfahrungs- oder Meßwerte darzustellen und die durch solchen vereinfachenden Ansatz notwendig sich einstellende größere *Streuung* der wirklichen Werte zugunsten der Einfachheit in Kauf zu nehmen.
Eine für die praktische Verwertung der angegebenen Leistungsgleichung geeignete Form wäre ein Nomogramm. Die Materialien könnten hierin unmittelbar benannt werden. (Bei der Netztafel die Kurvenscharen, bei der Leitertafel die Punkte einer Leiter.) Das den Kurvenscharen oder der betreffenden Leiter unsichtbar zugrunde liegende Ordnungssystem wären jedoch die K_s-Werte dieser Materialen.
Weitere für die Maschinenstundenkosten mögliche Richtsätze beziehen sich vorwiegend auf Kostendaten und fallen damit nicht in den dieser Arbeit gezogenen Rahmen. SCHULZ-MEHRIN [48/S. 59] gibt solche Richtsätze und spricht die Hoffnung aus, daß sie überbetriebliche Gültigkeit erlangen könnten [48/S. 58]. Er unterteilt zunächst nach Maschinenarten (z. B. kleine und mittlere Drehbänke, große Drehbänke, Revolverbänke, kleine Automaten, große Automaten) und wählt dann als Hauptbestimmungsgröße den Anschaffungspreis (Neuwert). Der

Richtwerttafel für spezifische Schnittkräfte, Auswahl aus AWF 158

Werkstoff	Festigkeit (kg/mm²) (bzw. Härte)	Vorschub in mm 0,1	0,2	0,4	0,8
		Spezifische Schnittkräfte (kg/mm²)			
St 34.11 St 37.11 St 42.11	bis 50	360	260	190	136
St 50.11	50– 60	400	290	210	152
St 60.11	60– 70	420	300	220	156
St 70.11	70– 85	440	315	230	164
St 85	85–100	460	330	240	172
Stahlguß	30– 50	320	230	170	124
	50– 70	360	260	190	136
	über 70	390	285	205	150
Werkzeugstahl	150–180	970	410	300	215
GG-18/GG-26	Brinellhärte 200–250	290	208	150	108
Temperguß		240	175	125	92
Hartguß	Shore-Härte 60– 90	360	260	190	136
Messing	Brinellhärte 80–120	160	115	83	60
Rotguß		140	100	70	52
Aluminiumlegierungen mit hohem Si-Gehalt (11–13 v. H. Si)		140	100	70	52
Magnesiumlegierungen		58	42	30	22
Hartgummi, Ebonit		48	35	25	18
Gummifreie Isolierpreßmassen Novotex, Bakelite, Pertinax		48	35	25	18
Hartpapier		38	28	20	14

Zinssatz für die Abschreibung wird bei SCHULZ-MEHRIN unterteilt in einen Anteil für die Veralterung und einen Anteil für Verschleiß, beide angegeben als Prozentsätze des Neuwertes und wechselnd für die einzelnen Maschinenarten. Für die Raumkosten und die Stromkosten gibt er Standards an (DM 25,— je m² und Jahr; DM 0,08 je kWh), während die Kosten für

Instandhaltung,
Werkzeugverbrauch,
Schmier- und Putzmittelverbrauch

Zahlentafel für Schnittgeschwindigkeiten [m/min]
Richtwerte für Schnellstahl bei einer Standzeit von 240 min, Auswahl aus AWF 158

Werkstoff	Festigkeit (kg/mm²) bzw. Härte	Vorschub s (mm/U)								
		0,1	0,16	0,25	0,4	0,63	1	1,6	2,5	Sorte
St 34–42.11	bis 50	60	48	40	32	26	22	18	14	
St 50.11	50–60	45	37	30	25	21	17	14	12	
St 70.11	70–85	30	24	20	17	14	11	9,5	8	
Stahlguß										
Cr—Ni und	50–70	37	30	25	18	15	12	10	8,4	
Cr—MoSt	70–85	30	24	19	15	12	9,5	7,5	6	
GG 18		32	25	19	13	10	8,5	6,7	5,5	
Temperguß	Brinellhärte 200–250									
TeG 92		45	34	26	20	15	12	9,5	7,4	
Messing	Brinellhärte	140	110	85	63	48	34	27		
Rotguß	80–120	85	70	56	48	36	30	25	21	
Al-Legierungen mit 11–13% Si-Gehalt		56	43	33	25	19	15	11		

nur als Geldbeträge aufgeführt werden. Die Beziehung auf eine andere Größe unterbleibt hier also, womit sicher angedeutet sein soll, daß diese Kosten durch nachträgliche Aufschlüsselung aus den Gesamtkosten ermittelt und gemittelt wurden.

Das geschilderte Beispiel ist geeignet, aufzuzeigen, wie sich in fließendem Übergang alle Daten und Beziehungszahlen von den technischen Ausgangsdaten lösen und sich schließlich nur noch im Kostenbereich bewegen und damit Eigenschaft von *betriebwirtschaftlichen Kennzahlen* oder Richtwerten erhalten. Über deren Gültigkeitsgrenzen und deren Grad von Repräsentanz wird im Abschnitt 3.3 eine Betrachtung eingefügt werden.

2.7 Verfahren zur Richtwertermittlung mit Hilfe repräsentativer Daten

Wenn einem Betriebsvergleich die Aufgabe gestellt wäre, Richtwerttabellen aufzustellen oder ältere Tabellen auf den neuesten Stand zu bringen, so wäre es sehr mühsam, alle unabhängigen Veränderlichen einer vorliegenden alten – aber in der Anlage für richtig befundenen – Tabelle in kleinen Intervallen neu zu variieren und das Verhalten der abhängigen Veränderlichen Punkt für Punkt neu zu ermitteln.

Es soll deshalb hier ein versuchsweise erprobtes Verfahren beschrieben werden, das nur einige Fixpunkte eines Kurvenzuges aus mit genügender Häufigkeit vorliegenden Werten neu bestimmt und sich dabei die *Tendenz* der Kurven alter

Richtwerttabellen zunutze macht. Die Fixpunkte werden als repräsentative Daten bezeichnet; sie bestimmten die Namensgebung für das Verfahren. Mit dieser als »Richtwertermittlung mit Hilfe repräsentativer Daten« bezeichneten Methode soll also versucht werden, alte, vollständige Richtwerttabellen in ihrer Absoluthöhe zu korrigieren.

Von den vielen sich anbietenden Versuchsfeldern, die das Zahlenmaterial des Betriebsvergleichs lieferten, wurden die Bohroperationen – und von diesen wiederum nur die Hauptzeiten, welche bestimmt sind durch die Schnittgeschwindigkeiten, Vorschübe und Bohrerdurchmesser – ausgewählt[3].

Einer Richtwerttabelle aus dem Jahre 1941 [21/M328 und 330] entstammten die Ausgangsdaten, wie sie die umseitige Tabelle zeigt. Bei den vier angegebenen Werkstoffen

GG 26;	Gs 52;	16 MnCr 5;	20 MnCr 5
		(EC 80)	(EC 100)

lagen für bestimmte Bohrerdurchmesser die Angaben aus dem Betriebsvergleich vor. Die Tabelle basiert bei den drei ersten Materialien auf der konstanten Schnittgeschwindigkeit v = 16 m/min, bei dem vierten Material auf v = 12 m/min. Es wird der Vorschub in Abhängigkeit vom Bohrerdurchmesser angegeben.

Infolge der andersgearteten Zielsetzung des Betriebsvergleichs waren dessen Werte nicht unmittelbar mit denen der Tabelle vergleichbar, weil ihnen unterschiedliche Schnittgeschwindigkeiten zugrunde lagen. Über das je Zeiteinheit zerspante Volumen, das unverändert blieb, ließen sich diese Werte jedoch auf die vergleichbare Schnittgeschwindigkeit von v = 16 m/min bzw. v = 12 m/min umrechnen.

[3] Die beispielhafte Erprobung besorgte auf Anregung des Verfassers cand. ing. Krahwinkel.

Richtwerte für Bohrarbeiten

I. Alte Richtwerttabelle (Erfahrungswerte)
Werkzeug: Schnellstahl-Spiralbohrer

Werkstoff:	GG 26	GS 52	16 MnCr 5 (EC 80)	20 MnCr 5 (EC 100)
Schnitt-geschw. (m/min)	16	16	16	12
Bohrer-∅ (mm)	Vorschub (mm/Umdrehung)			
2	0,03	0,015	0,010	0,008
3	0,04	0,020	0,015	0,010
4	0,05	0,025	0,020	0,015
5	0,06/0,08	0,03/0,05	0,025/0,04	0,02/0,03
6	0,07/0,09	0,04/0,06	0,03 /0,05	0,03/0,04
8	0,08/0,10	0,05/0,07	0,04 /0,06	0,04/0,05
10	0,09/0,11	0,06/0,08	0,05 /0,07	0,05/0,06
13	0,12	0,09	0,08	0,07
15	0,14	0,10	0,09	0,08
17	0,16	0,12	0,10	0,09
20	0,18	0,14	0,12	0,10
25	0,20	0,16	0,14	0,12
30	0,22	0,18	0,16	0,14
35	0,24	0,20	0,18	0,16
40	0,26	0,22	0,20	0,18
50	0,28	0,24	0,22	0,20
60	0,30	0,26	0,24	0,22

II. Richtwerte nach F. Kesselring
Material-Zugfestigkeit: 71–90 kg/mm²
Schnittgeschwindigkeit: v = 16 m/min

D mm	Vol. cm³/min	s' mm/min	n_{16} U/min	s_{16} mm/U
1	0,02	25,4	5100	0,005
2	0,12	38,2	2550	0,015
3	0,38	53,8	1700	0,03
4	0,77	61,2	1275	0,05
5	1,3	66,3	1040	0,07
6	1,9	67,2	850	0,08
8	3,3	65,5	638	0,10
10	5,5	70,0	510	0,14
15	11,2	63,5	340	0,19
20	17,5	55,8	255	0,22
25	24	49,0	204	0,24

Material-Zugfestigkeit: 91–110 kg/mm^2
Schnittgeschwindigkeit: v = 12 m/min

D mm	Vol. cm^3/min	s' mm/min	n_{12} U/min	s_{12} mm/U
1	0,01	12,7	3825	0,003
2	0,07	22,2	1912	0,012
3	0,2	28,3	1268	0,022
4	0,4	31,8	956	0,033
5	0,65	33,2	764	0,043
6	0,95	33,7	638	0,053
8	1,75	35,0	479	0,073
10	2,7	34,4	382,5	0,09
15	5,5	31,2	255	0,123
20	8,8	28,1	191	0,147
25	12	24,5	151	0,163

Die Berechtigung zu diesem Vorgehen hat die gleichen Gründe, wie die Wahl des zerspanten Volumens als Bezugsgröße überhaupt und wie sie in Abschnitt (2.2) besprochen wurde. Kesselring gibt auf der Basis des zerspanten Volumens sogar eine Richtwerttabelle [22/S. 379], die aus diesem Grunde auch für Vergleichszwecke der anderen Tabelle hinzugefügt ist.

Es bedeutet:

Vol = Volumen [mm^3/min]
n = Drehzahl [U/min]
s = Vorschub [mm/U]
s' = Vorschub [mm/min]
v = Schnittgeschwindigkeit [m/min]
D = Bohrerdurchmesser [mm]
Index 16 (12) = bezogen auf v = 16 m/min bzw. v = 12 m/min

dann muß bei der Umrechnung stets bleiben:

$$Vol_v = Vol_{16(12)}$$

das heißt:

$$\frac{n \cdot s \cdot D^2 \cdot \pi}{4} = \frac{n_{16(12)} \cdot s_{16(12)} \cdot D^2 \cdot \pi}{4}$$

oder

$$n \cdot s = n_{16(12)} \cdot s_{16(12)}$$

Berücksichtigt man ferner, daß

$$n \cdot s = s' \text{ [mm/min]}$$

so ergibt sich der gesuchte Vorschub $s_{16(12)}$ zu

$$s_{16(12)} = \frac{s'}{n_{16(12)}} \text{ [mm/U]}$$

Tabelle der dem Verfahrensvergleich entnommenen Werte (Bohrarbeiten)

Werkstoff: Gs 52
Schnittgeschwindigkeit: v = 16 m/min = const

D [mm]	v [m/min]	s [mm/U]	n [U/min]	s' [mm/min]	n_{16} [U/min]	s_{16} [mm/U]	
35	10	0,25	91	23	146	0,16	
35	14,5	0,18	132	24	146	0,16	
35	24	0,18	220	40	146	0,27	
35	(16)	(0,39)	(146)	(58)	146	(0,39)	Werte von 8 Betrieben
35	17	0,30	163	46	146	0,32	Arithmetisches Mittel: 0,24 mm/U
35	15	0,24	137	33	146	0,23	Zentralwert: 0,27 mm/U
35	18	0,25	143	36	146	0,28	Für die Kurve benutzter Wert:
35	17	0,20	181	36	146	0,28	0,255 mm/U
41	(7)	(0,25)	(54)	(12,5)	124	(0,10)	
41	18	0,30	140	42	124	0,34	
41	15	0,28	116	32,5	124	0,26	Werte von 7 Betrieben
41	–	0,26	143	37,2	124	0,30	Arithmetisches Mittel: 0,27 mm/U
41	12	0,25	93	23,2	124	0,18	Zentralwert: 0,26 mm/U
41	24	0,20	186	37,2	124	0,30	Für die Kurve benutzter Wert:
41	18	0,20	140	28	124	0,23	0,265 mm/U

Werkstoff: GG 26
Schnittgeschwindigkeit: v = 16 m/min = const

D [mm]	v [m/min]	s [mm/U]	n [U/min]	s' [mm/min]	n_{16} [U/min]	s_{16} [mm/U]	
31	10	0,25	103	25,7	165	0,16	
31	18	0,33	185	61,0	165	0,37	
31	(15)	(0,5)	(154)	(77,0)	165	(0,47)	
31	–	0,25	150	37,5	165	0,23	
31	13	0,30	134	40,2	165	0,24	Werte von 9 Betrieben
31	13	0,30	134	40,2	165	0,24	Arithmetisches Mittel: 0,26 mm/U
31	17	0,25	175	43,8	165	0,27	Zentralwert: 0,27 mm/U
31	24	0,20	246	49,3	165	0,300	Für die Kurve benutzter Wert:
31	22	0,20	226	45,2	165	0,27	0,265 mm/U
43	11	0,25	81	20,1	118	0,17	
43	18	0,39	133	51,8	118	0,43	
43	(15)	(0,80)	(111)	(88,8)	118	(0,75)	
43	–	0,25	150	37,5	118	0,32	
43	18	0,30	133	40,0	118	0,34	Werte von 9 Betrieben
43	12	0,24	89	21,4	118	0,18	Arithmetisches Mittel: 0,29 mm/U
43	15	0,25	111	27,8	118	0,24	Zentralwert: 0,30 mm/U
43	24	0,20	178	35,8	118	0,30	Für die Kurve benutzter Wert:
43	19	0,25	140	35,0	118	0,30	0,295 mm/U

Werkstoff: 16 MnCr 5 (EC 80)
Schnittgeschwindigkeit: v = 16 m/min = const

D [mm]	v [m/min]	s [mm/U]	n [U/min]	s' [mm/min]	n_{16} [U/min]	s_{16} [mm/U]	
21	19	0,15	288	43,2	242	0,18	
21	(25)	(0,25)	(379)	(95)	242	(0,39)	
21	(12)	(0,10)	(182)	(18,2)	242	(0,07)	
21	15	0,14	228	31,9	242	0,13	
21	15	0,20	228	45,7	242	0,19	
21	21	0,10	318	31,8	242	0,13	Werte von 10 Betrieben
21	10	0,30	152	45,7	242	0,19	Arithmetisches Mittel: 0,18 mm/U
21	13	0,20	197	39,4	242	0,16	Zentralwert: 0,19 mm/U
21	18	0,20	173	54,6	242	0,23	Für die Kurve benutzter Wert:
21	15	0,20	328	45,7	242	0,19	0,185 mm/U

Werkstoff: 20 MnCr 5 (EC 100)
Schnittgeschwindigkeit: v = 12 m/min = const

D [mm]	v [m/min]	s [mm/U]	n [U/min]	s' [mm/min]	n_{12} [U/min]	s_{12} [mm/U]	
7	19,8	0,15	900	135	550	0,25	
7	20	0,20	910	182	550	0,33	
7	12	0,125	545	68	550	0,12	Werte von 4 Betrieben
7	11,2	0,125	510	64	550	0,12	Arithmetisches Mittel: 0,20 mm/U

Auf diesem Wege wurden die Werte des Betriebsvergleichs umgerechnet und ihre Mittelwerte als repräsentativ herausgestellt. Die Ursprungszahlen konnten allerdings nicht ohne eine kritische Sichtung für die Mittelwertbildung herangezogen werden. Ausscheiden mußten z. B. die Angaben, von denen offensichtlich war, daß sie bewußt niedrig angesetzt waren, um einen bestimmten Zeitgrad erreichbar zu machen. Für die Mittelwertbildung weggelassen wurden auch Zahlen, von denen bekannt war, daß sie für den Vergleich erst nachträglich ermittelt worden waren. In einigen Betrieben standen nämlich für die Zeitvorgabe lediglich grobe Richtwerttabellen für die Gesamtherstellzeit des Fertigungsobjektes zur Verfügung, etwa auf der Grundlage des Werkstückgewichts. Für den Verfahrensvergleich war aber eine Unterteilung in einzelne Arbeitsgänge und Arbeitsstufen erforderlich. Dabei wurden dann die Vorschübe und Schnittgeschwindigkeiten zum Teil höher eingesetzt, als sie den im Betrieb tatsächlich gefahrenen entsprachen.

Bei der Bildung des arithmetischen Mittels blieben deshalb die eingeklammerten zweifelhaften Werte unberücksichtigt. Wegen der Empfindlichkeit dieses Mittelwerts gegen Extremwerte konnte durch solche Vorauslese ein aussagefähiges Ergebnis erwartet werden.

Bei dem außerdem ermittelten Zentralwert zählten die eingeklammerten Extremwerte mit, da hier jede Zahl – außer der ausgewählten in der Mitte – nur durch ihren Platz wirkt. Ein Weglassen dieser Werte hätte bei der geringen Zahl der zur Verfügung stehenden Einzelwerte die diesem Verfahren nun einmal anhaftende Zufallsabhängigkeit unnötig vergrößert.

Für die Bildung des häufigsten Wertes war die Zahl von maximal zehn vorliegenden Angaben aus dem Betriebsvergleich zu gering. Die gute Übereinstimmung der beiden anderen Mittelwerte (sie differierten stets nur um 0,01 [mm/U]) zeigt jedoch, daß ihnen allein bereits eine genügende Repräsentanz zugesprochen werden kann. Auch der optische Eindruck auf den umseitig wiedergegebenen Diagrammen bestätigt dies. Wenn auch für jedes Diagramm und damit für jede Materialart nur höchstens zwei repräsentative Daten aus den Unterlagen des des Betriebsvergleichs zu ermitteln waren, so zeigt deren Lage zueinander und zu dem »alten« Kurvenzug doch, daß für große Bohrerdurchmesser, etwa von 25 mm an, brauchbare Korrekturen der alten Richtwerte gegeben werden können.

Für den Kurvenverlauf im unteren Durchmesserbereich vermag eine Grenzfallbetrachtung einige Hilfe zu geben: Die neue, korrigierte Kurve dürfte nicht bis unten hin parallel zur alten verlaufen, da sie dann beim Durchmesser Null sprunghaft von einem endlichen Abszissenwert (Vorschub) auf Null fallen würde, was undenkbar ist. Vielmehr muß jede Kurve stetig vom *Ursprung* ausgehen, weil einem denkbar kleinen Bohrerdurchmesser auch ein verschwindend kleiner Vorschub je Umdrehung zugeordnet werden muß. Nicht der *Absolutbetrag* der Vorschubkorrektur ist hier konstant, sondern das *Verhältnis* dieser Vorschubkorrektur zum Bohrerdurchmesser.

Diese Überlegungen werden durch die nach den Werten von KESSELRING [22/S. 379] eingezeichneten Kurven bestätigt, die auch zum Ursprung hinweisen. In den Durchmesserbereichen über 15 mm laufen die Kurven allmählich parallel,

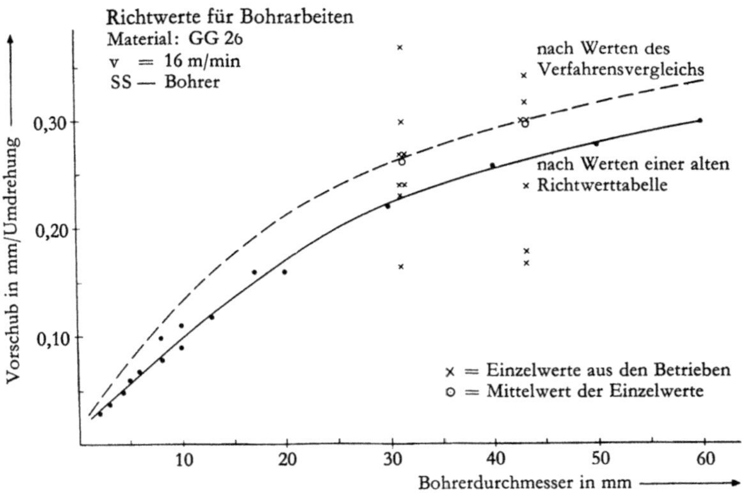
Richtwerte für Bohrarbeiten
Material: GG 26
v = 16 m/min
SS — Bohrer
nach Werten des Verfahrensvergleichs
nach Werten einer alten Richtwerttabelle
× = Einzelwerte aus den Betrieben
o = Mittelwert der Einzelwerte
Vorschub in mm/Umdrehung
0,10
0,20
0,30
10
20
30
40
50
60
Bohrerdurchmesser in mm

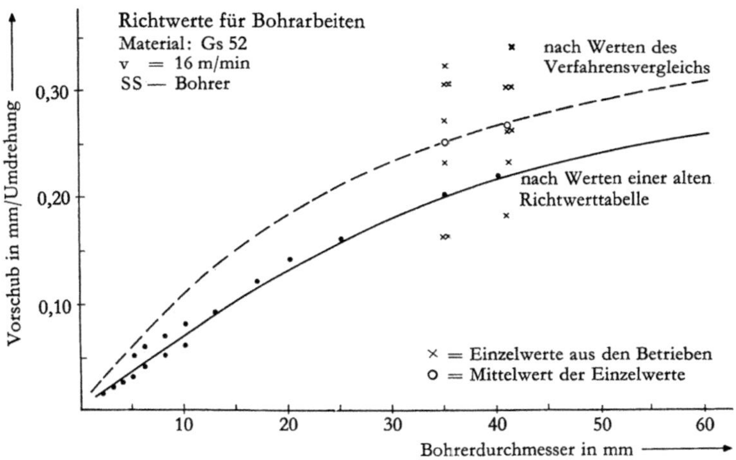
Richtwerte für Bohrarbeiten
Material: Gs 52
v = 16 m/min
SS — Bohrer
nach Werten des Verfahrensvergleichs
nach Werten einer alten Richtwerttabelle
× = Einzelwerte aus den Betrieben
o = Mittelwert der Einzelwerte
Vorschub in mm/Umdrehung
0,10
0,20
0,30
10
20
30
40
50
60
Bohrerdurchmesser in mm

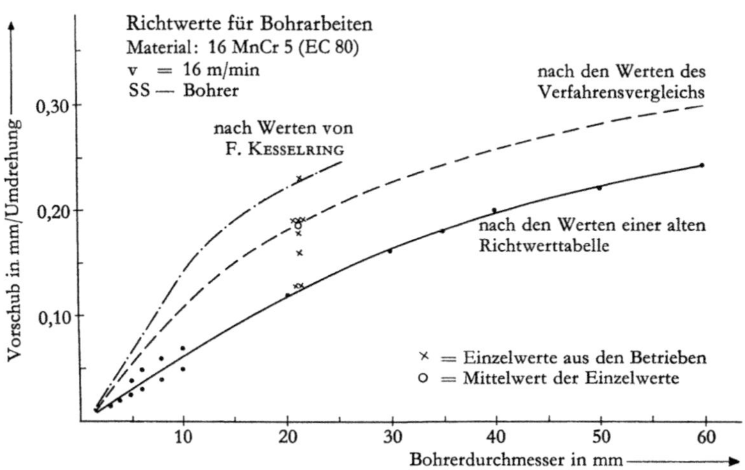
Richtwerte für Bohrarbeiten
Material: 16 MnCr 5 (EC 80)
v = 16 m/min
SS — Bohrer
nach den Werten des Verfahrensvergleichs
nach Werten von F. Kesselring
nach den Werten einer alten Richtwerttabelle
× = Einzelwerte aus den Betrieben
o = Mittelwert der Einzelwerte
Vorschub in mm/Umdrehung
0,10
0,20
0,30
10
20
30
40
50
60
Bohrerdurchmesser in mm

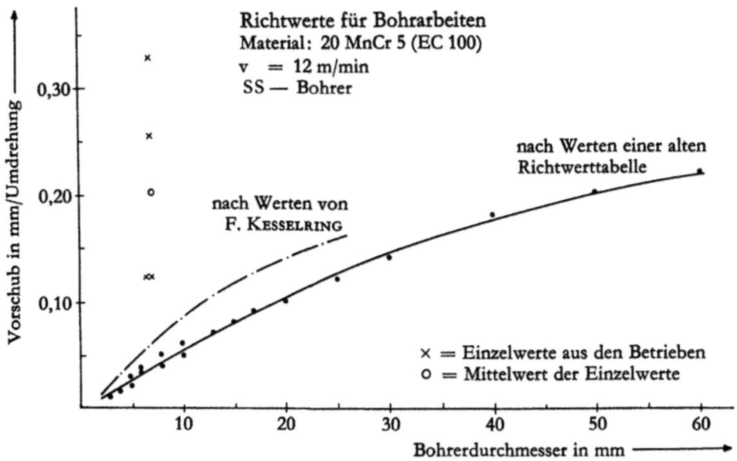

weshalb hier die Absolutbeträge der Kurvenabstände die Grundlage für Extrapolationen sind.

Das vierte Diagramm macht deutlich, daß vier Werte des Betriebsvergleichs nicht ausreichen, um über ihren Mittelwert eine Korrektur der alten Kurve ausführen zu können. Der Mittelwert liegt extrem weit entfernt von den bisherigen Werten. Seine Repräsentanz ist durch vier in weiten Grenzen streuende Ursprungszahlen (s = 0,12 + 0,33 mm/U) auch keineswegs sichergestellt. Sechs bis acht Ausgangszahlen wären etwa die Mindestzahl.

Nur *ein* repräsentativer Mittelwert ist zwar kaum hinreichend, um einen Kurvenzug zu korrigieren, jedoch bilden zwei repräsentative Daten – zusammen mit Überlegungen über die Grenzfälle – hierfür schon eine gute Grundlage. Ein dritter Mittelwert in einem zweckmäßigen Bereich könnte bereits Grenzfallbetrachtungen ersparen oder die gemachten Annahmen über die Kurventendenz bestätigen. Die Voraussetzung ist stets eine sorgfältige Prüfung des Ausgangsmaterials und eine hinreichende Anzahl von Werten für die Mittelwertbildung.

Als Ergebnis der Erprobung des Verfahrens der »Richtwertermittlung mit Hilfe repräsentativer Daten« darf zusammengefaßt werden, daß sich hiermit ein Weg eröffnet, um in zuverlässiger, einfacher und verhältnismäßig schneller Weise ältere – aber in der Anlage für richtig befundene – Richtwerttabellen zu korrigieren. Das Verfahren könnte nach Fragestellung und Ziel die Grundlage für eine neue Art von Betriebsvergleichen sein, deren Aufgabe dann nicht im Beschreiben, Gegenüberstellen und Vergleichen der Fertigung von Erzeugnissen bestünde, sondern in der Entwicklung vollständiger Richtwerttabellen (für bestimmte Arbeitsarten), deren Einzelwerte mit allen in Abschnitt (1.3) analysierten Eigenschaften eines echten Richtwertes ausgestattet wären.

3. Ergänzende und abgrenzende Betrachtungen

3.1 Weitere Möglichkeiten der Ermittlung technischer Richtwerte

Die am Gerüst eines Betriebs- und Verfahrensvergleichs erörterten Möglichkeiten zur Kennzahlen- und Richtwertdarstellung waren in ihrem Umfang durch die Zielsetzung des Vergleichs selbst festgelegt, wenngleich dessen Material zumeist nur ergänzend herangezogen wurde. Im Vordergrund standen deshalb die Daten der technischen Kalkulation und ihre Grundlage für eine Kostenkalkulation. Diese Art der Rechnung ist zu unterscheiden von der reinen Ist-Rechnung als Deckung der Ausgaben, der sogenannten pagatorischen Rechnung [37/S. 483].

Die kalkulatorische Rechnung geht gewissermaßen von »unten« her vor und bestimmt aus technischen Daten die Arbeitszeiten oder Materialmengen und schließlich die Kosten.
Die pagatorische Rechnung beginnt von »oben« her, angefallene Kosten aufzuschlüsseln und zu verteilen und dann gegebenenfalls mit irgendwelchen Leistungs- und Mengenangaben in Beziehung zu setzen.
Beide Rechnungsarten treffen sich in der Benutzung oder Erstellung gemeinsamer Erfahrungsgrößen. Das sind z. B. die Kostenstandards als Gütezahlen oder alle Arten von prozentualen Zuschlägen als Gefügezahlen. Die Zuschläge werden durch In-Beziehung-Setzen gleichdimensionierter Größen gewonnen, während bei den Kostenstandards aus der pagatorischen Rechnung die angefallenen Kosten auf repräsentierende Mengenangaben bezogen werden. Sie sind damit das Bindeglied zwischen dem Mengengerüst und dem Kostengerüst, nicht nur für kalkulatorische Rechnungen oder – wie im beschriebenen Betriebsvergleich – um das Prinzip einer einheitlichen, vergleichbaren Bewertung durchzuführen, sondern sie bilden in der Praxis der Betriebsabrechnung als Planungsgrößen die Grundlage jeder Vorschaurechnung. Bei der *einmaligen* Ermittlung aus einer bestimmten Abrechnungperiode oder zu einem bestimmten Zeitpunkt hätten sie den Charakter von Kennzahlen. Von mehreren Kennzahlen gelänge man durch Auswahlverfahren zu Richtwerten, die innerhalb eines Betriebes für Planungszwecke aus den Kennzahlen verschiedener Abrechnungsperioden, innerhalb einer Branche für Vergleichszwecke aus den Kennzahlen verschiedener Betriebe gewonnen werden müßten.
Innerhalb der Mengenangaben, so wie sie die Betriebsabrechnung liefert, ist nun jene Gruppe von Kennzahlen möglich, die im Abschnitt (1.2) vorwiegend von Schott und Schulz-Mehrin als Kennzahlen der Produktivität und bei Schott noch zum Teil als Kennzahlen der Wirtschaftlichkeit und der Organisation angegeben werden. Es handelt sich stets um gewissermaßen summarische Daten

aus einer bestimmten Abrechnungszeitspanne und um die Beziehung dieser Daten untereinander, also um dynamische Gütezahlen.
Während LEHMANN [27] hervorhebt, daß der Aussagewert von Gütezahlen besonders groß ist, wenn die Angaben auf die Einheit der Leistungserstellung bezogen – also leistungsorientiert – sind, geht die Produktivität den umgekehrten Weg und setzt bei den Gütezahlen den *Einsatz* in den Nenner, sie ist also einsatzorientiert.

Eine technische, *leistungs*orientierte Kennzahl wäre zum Beispiel:

Verfahrene Arbeitsstunden je t guter Guß (Std./t)

*Einsatz*orientiert ist hingegen:

Ausgebrachtes fehlerfreies Blech je Kopf und Monat (m^2/Kopf · Monat)

Die Beziehung

Verfahrene Arbeitsstunden je m^2 eingesetztes Blech (Std./m^2)

wäre eine Mischgröße, weil hier *zwei Einsätze* miteinander verglichen werden.

Eine Eigentümlichkeit, die bei methodischen Vergleichsrechnungen bei solchen Kennzahlen stets beachtet werden muß, ist die folgende: Nur leistungsorientierte Kennzahlen sind unmittelbar addierbar und können dabei weiter auf die gleiche Basis bezogen bleiben. Einsatzorientierte Kennzahlen, wie die Produktivität, müssen erst reziprok genommen werden, ehe sie addierbar werden!
Die oben genannte Mischgröße aus zwei Arten von Einsätzen würde in bezug auf den Materialeinsatz (m^2 Blech) besser so behandelt, daß innerhalb der das Material betreffenden Angaben Gefügezahlen gebildet werden, wie sie von BAIERL im Abschnitt (1.2) angegeben sind. Es werden dort

die Erzeugung,
der Ausschuß,
der Abfall,
die Stoffverluste und evtl.
die Kreislaufmenge

im Verhältnis zum Einsatz betrachtet. REFA [12/S. 56ff.] wählt für ähnliche dimensionslose Größen in Form von Prozentzahlen die Bezeichnungen:

Stoffausnutzungsgrad (soll möglichst groß sein)
Stoffausschußgrad
Stoffverlustgrad } (soll möglichst klein sein)
Stoffkreislaufgrad

Die weiteren der im Abschnitt (1.2) wiedergegebenen Werkstoffkennzahlen von BAIERL untersuchen die zeitliche Materialbewegung und berühren damit den ganzen Komplex der Lagerung und Zwischenlagerung, der zumindest zum Teil dem Bereich der Fertigung hinzugerechnet werden muß.

Schmidt-Wulfen [43/S. 101] erwähnt hierfür einige Meßzahlen:

a) mittlerer Lagerbestand im Jahr $= \dfrac{\text{Anfangsbestand} + 12 \text{ Monatsbestände}}{13}$

b) Produktionsdauer (Fertigungszeitaufwand) $= \dfrac{\text{Fertigungslöhne im Halbfabrikat (mittlerer Lagerbestand und in Arbeit befindliche)}}{\text{Gesamtfertigungslöhne}}$

c) Lagerumschlag $= \dfrac{\text{Einstandswert des Umsatzes}}{\text{mittlerer Lagerbestand}}$

d) Lagerdauer in Monaten $= \dfrac{\text{mittlerer Lagerbestand}}{\text{Einstandswert des Umsatzes je Monat}}$

e) Lagerreichweite in Monaten $= \dfrac{\text{mittlerer Lagerbestand} \cdot 12}{\text{Materialverbrauch des Jahres}}$

Auch Wille [55/S. 47] gibt eine Gleichung an, um den Durchschnittsbestand (B) der Halbfabrikate in grober Näherung zu berechnen:

$$B = M \cdot t + F \cdot \frac{t}{2}$$

mit:

M = Materialwert einer Monatsproduktion
t = anzustrebende Durchlaufzeit in Monaten
F = Fertigungskostenwert einer Monatsproduktion

Die Lagermengen sind in diesen Meßzahlen vorwiegend durch einen Wert – ausgedrückt durch den Materialwert und die aufgewendeten Löhne – repräsentiert. Solange es sich um Maschinenarbeit handelt, ist diese Gewichtung an sich zu gering, da die Maschinenstundenkosten die Löhne oft mehrfach übersteigen werden und der Betrieb damit weit mehr aufgewendet hat, als in den Meßgrößen zum Ausdruck kommt. Durch Beziehung auf die Gesamtlohnsumme wird aber der Ausdruck dimensionslos, und die kleinere Basis im Nenner gleicht den im Zähler zu klein gewählten Betrag in gewissen Grenzen aus.

Im Lagerwesen mit reinen Mengengrößen zu rechnen, wird nur dann möglich sein, wenn es sich um gleichartige oder durch Äquivalenzziffern zu gewichtende Erzeugnisse handelt. Der Wertmaßstab ist in den meisten Fällen aber berechtigt, vor allem, wenn durch Relativierung dimensionslose Größen geschaffen werden, die zwar keinen größeren Grad von Repräsentanz, wohl aber eine größere Gültigkeitsdauer als die absoluten Beträge haben und von denen die Entwicklungstendenz besser angezeigt wird.

Der Weg über die Relativierung mit ihren eben geschilderten Vorteilen sollte vor allem in den Wert- und Kostengrößen noch viel mehr Anwendung finden. Man wird von Preis- und Lohnschwankungen in gewissem Sinne unabhängig und erhält Angaben, die auch für Vergleichszwecke eine größere Eignung aufweisen. Solche Unabhängigkeit ist auch für betriebliche Leistungsmessungen wichtig, denen eine stets gleichbleibende, einheitliche Bewertung zugrunde liegen und deren Bild nicht durch Preisschwankungen verfälscht werden soll.

Aus ähnlichen Gedankengängen heraus wird von KESSELRING [22/S. 370ff.] der Versuch unternommen, die wichtigsten Halbzeuge – geordnet nach ihren Materialien und Formen – durch die Angabe von relativen, spezifischen Preisen in technisch-wirtschaftlicher Hinsicht zu klassifizieren.

Die folgende Seite gibt einen Auszug dieser anfangs eigentümlich anmutenden Aufstellung wieder. Vorwiegend von Interesse ist die Spalte 7. Die spezifischen Materialkosten (DM/cm³) sind durch Beziehung auf diejenigen von Stahl 00.12 (in den gängigen Abmessungen) zu einer dimensionslosen Größe als »relative, spezifische Materialkosten« (k_v) geworden.

KESSELRING geht noch weiter und bildet Beziehungen zwischen (k_v) und den technologischen Größen der Materialien, wie:

> dem Mittelwert der zulässigen Zugfestigkeit (σ),
> dem Elastizitätsmodul (E) und
> dem Gleitmodul (G)
> (Spalte 8, 10, 11).

Er versucht auf diesem Wege, Meßzahlen für das Verhältnis von technischer Güte zur wirtschaftlichen Aufwendigkeit zu bekommen, die in dieser Kombination dem Konstrukteur und dem Fertigungsgestalter ein schnelleres Auffinden der technisch-wirtschaftlich »stärksten« Lösung erleichtern sollen.

Solche technisch-wirtschaftlichen Kenngrößen nehmen zwar eine Bewertung vor – dieses Hauptproblem in der Betriebswirtschaft wird im Abschnitt 3.3 noch behandelt werden –, in ihnen sind die Kosten selbst jedoch eliminiert. Man bleibt mit ihnen auf festerem Boden als bei Benutzung von absoluten Größen, denn die Relationen der Preise und Werte werden sich langsamer und schwankungsfreier ändern als die absoluten Größen.

Der Aufwand für die Hilfsstellen der Fertigung, wie die Kontrolle (Meßwesen), das Transportwesen, die Reparaturabteilung oder die Arbeitsvorbereitung, wird üblicherweise als Gefügezahl, gemessen am Lohnsummenmaßstab, angegeben, oder man hält sich an die Kopfzahlen. In der kalkulatorischen Rechnung sind die Aufwendungen für diese Hilfsstellen im Restgemeinkostensatz (K_r) enthalten, zu dessen Hergliederung und Durchleuchtung im Hinblick auf Einsparmöglichkeiten dieselben Wege beschritten werden können, wie sie der herkömmliche betriebswirtschaftliche Vergleich beschreitet, insbesondere der Kostenstellen- und Kostenartenvergleich mit seiner Benutzung von Gefügezahlen.

Für das Wissen um genaue Einzelheiten, das meist erst die echten Verbesserungsmöglichkeiten aufzeigt, genügen bei den Fertigungshilfsstellen nicht die Gefügezahlen (z. B. innerhalb der Lohnkosten) und auch nicht die Kopfzahlen (als Mengengrößen), sondern es erweist sich immer wieder, daß hier etwas hinzu-

Technisch-wirtschaftliche Kenngrößen (Auszug) (Nach KESSELRING)

1		2	3	4	5	6	7			8	9	10	11	12		
Werkstoff		Form	σ kg/cm²	γ kg/cm²	E kg/cm²	G kg/cm²	k_v			$\frac{k_v}{\sigma}$	$\frac{\gamma}{\sigma}$	$\frac{k_v}{E}$	$\frac{k_v}{G}$	Abmessungen in mm		
														kleinste	gängige	größte
				$\times 10^{-3}$	$\times 10^{6}$	$\times 10^{6}$	a	b	c	$\times 10^{-3}$	$\times 10^{-6}$	$\times 10^{-6}$	$\times 10^{-6}$	a	b	c
Vollprofile gewalzt		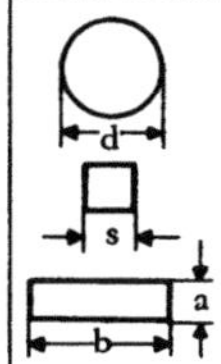														
St 00.12	DIN 1612		1000				1,2	1	1,05	1	7,9	0,48	1,25			
St 34.12	DIN 1612		1100				1,2	1,05	1,1	0,9	7,1	0,5	1,3	d = 5	16 ... 90	200
St 50.11	DIN 1611		1600	7,85	2,1	0,8	1,3	1,1	1,15	0,7	4,9	0,52	1,4			
C 22 G	DIN 17200		1600				1,3	1,1	1,15	0,7	4,9	0,52	1,4	s = 8	16 ... 90	160
C 35 G	DIN 17200		1600				1,3	1,1	1,15	0,7	4,9	0,52	1,4			
C 35 V	DIN 17200		1800				1,3	1,1	1,2	0,6	4,4	0,52	1,4	b×a = 12×5	26×6,5 ... 130×50	150×60
16 Mn Cr 5 G	DIN 17210		2000				3,2	1,6	1,9	0,8	3,9	0,8	2,0			
37 Mn Si 5 G	DIN 17200		2200				3,2	1,5	1,7	0,7	3,6	0,7	1,9			
37 Nn Si 5 V	DIN 17200		2600	7,85	2,1	0,8	3,3	1,6	1,9	0,6	3,0	0,8	2,0			
30 Cr Ni Mo 8 G	DIN 17200		2800				5,2	2,6	2,9	0,9	2,8	1,2	3,3	d = 5	15 ... 125	300
30 Cr Ni Mo 8 V	DIN 17200		3200				5,3	2,8	3,1	0,9	2,5	1,3	3,5			
20 Cr 52 V			2000				10,4	5,4	6,0	2,7	3,9	2,6	6,8			
Trägerprofile gewalzt														L 20×20×3	> L 45×45×5	
St 00.12	DIN 1612		1000	7,85	2,1	0,8	1,2	1,05	1,05	1,05	7,9	0,5	1,3	T 2	> T 5	
St 34.12	DIN 1612		1100				1,2	1,1	1,1	1,0	7,1	0,52	1,4	I 8	> I 10	
Stahlleichtprofile (Trägerprofile gezogen)																
St 37.11	DIN 1611		1400	7,85	2,1	0,8	5	2,6	2,6	1,9	5,6	1,2	3,3	L 10×10×1,5 14×14×2 10×20×1,5	> L 30×30×3 > 30×30×3 > 10×30×3	

Es bedeuten:

σ = Mittelwert der zulässigen Zugfestigkeit für ruhende Belastung
γ = Spezifisches Gewicht

E = Elastizitäts-Modul
G = Gleit-Modul (Schub-Modul)
k_v = Mittelwert der relativen Werkstoffkosten gegenüber St 00.12

kommen muß, was durch eine abstrakte Zahl oder durch Zahlenkombinationen nicht angegeben werden kann: *Das beschreibende Moment.*
Gemeint ist die zusätzliche, gewissermaßen erzählende Beschreibung von betrieblichen Eigenheiten, die oft weit mehr Aufschlüsse gibt als die oben erwähnten Zahlen.
Man stößt hier an die Grenzen des Aussagevermögens von Zahlen und Kennzahlen überhaupt. Eine genauere Erörterung dieser Erscheinung bleibt jedoch dem nächsten Kapitel vorbehalten.

In der Betriebsabrechnung erscheinen alle Aufwendungen nur noch in der Bezifferung durch ihre Kosten, die dann über den Kontenrahmen in das Zahlengerüst der Geschäftsbuchhaltung (Finanzbuchhaltung) eingehen. Sie werden damit ein Bestandteil des Wertstatus oder der Wertveränderungen der Gesamtunternehmung, die nach außen schließlich ihren Niederschlag in der Bilanz und in der Gewinn- und Verlustrechnung finden.
So schließt sich der Kreis der Betrachtung an jenem Punkt, an dem diese Arbeit im Kapitel (1.1) – mit einem Beispiel aus der Bilanzkritik – begann. Wenn es auch von den Kennzahlen der Wirtschaftlichkeit der Fertigung zu denen der Bilanzkritik ein weiter Weg ist, und wenn auch das Zahlengerüst der Gesamtunternehmung gegenüber dem der Fertigung viele »wertmäßige Unabänderlichkeiten« enthält, ließen sich im Bereich der überwirtschaftlichen Zahleneigenschaften und -kombinationen zwischen beiden bereits wichtige methodische Gleichheiten feststellen.

3.2 Methodische Grenzen und Grenzen durch technische Gegebenheiten

Die jetzt herauszustellenden Grenzen der Aussagefähigkeit der Kennzahlen sind so zahlreich wie die Gründe für deren Versagen, wenn sie falsch »angesetzt« oder falsch gedeutet werden.
Bereits innerhalb der allgemeinen Zahleneigenschaften zeichnen sich die ersten Beschränkungen ab: Bei allen Arten von Verhältniszahlen ist zu beachten, daß die *relative* Höhe oft nicht entscheidend und wichtig ist, sondern die absolute Höhe. Eine Verhältniszahl kann beispielsweise ungünstiger werden, eine Einzelkomponente als absolute Zahl *günstiger;* es ist also stets das Verhalten der Basis mitzubeachten.
Diese Überlegungen sind besonders nützlich bei den Gemeinkostensätzen. LEHMANN weist betont darauf hin [27/S. 106], daß die Gemeinkosten lediglich Gefügezahlen sind und daß in sie nicht der Charakter von Gütezahlen hineingedeutet werden dürfe. Weder aus ihrer relativen Höhe noch aus dem Trend ihrer zeitlichen Entwicklung sollte man einen Schluß auf die Güte der Betriebsführung ziehen.
Dieser Hinweis hat auch allgemeine Gültigkeit. Statt der Gefügezahlen sind es nur die Gütezahlen, die innerhalb der technisch-wirtschaftlichen Kennzahlen als

echte Leistungsmaßstäbe dienen können, und auch nur dann, wenn sie sich – wie schon früher erwähnt – auf die Einheit der Leistungserstellung beziehen.
Das bedeutet, daß nicht die Fertigungsgemeinkosten entscheidend wichtig sind, auch nicht die Stundenkostensätze der Maschine, sondern *die Kosten je Stück*. Dieser Satz scheint eine Selbstverständlichkeit, jedoch gibt die Literatur und die Einsicht in die betriebliche Praxis genug Veranlassung, diesen Gesichtspunkt noch einmal herauszustellen.
Innerhalb der spanenden Bearbeitung ist das durch die Arbeitsaufgabe vorgeschriebene, abzuhebende Werkstoffvolumen eine solche echte Leistungsgröße, die für technische Kennzahlen als Bezugsgröße dienen kann. Beziehungen wie

$$\text{spez. Spanleistung} = \frac{\text{Zerspantes Volumen}}{\text{kW installierte Leistung}}$$

sind dann trotzdem wenig sinnvoll, weil hier lediglich der Einsatz an elektrischer Energie Berücksichtigung findet, nicht aber der an Kapital, Werkzeugen oder Löhnen. Obwohl durchaus ein technischer Zusammenhang zwischen den beiden Größen besteht, ist der wirtschaftliche Effekt der Beziehung für betriebliche Zwecke gering, da nur ein kleiner Teil der Gesamtkosten erfaßt wird.
Die spezifische Spanleistung ist als Kennzahl nur *ein* Versuch zur technisch-wirtschaftlichen Bewertung von Maschinen. Diese Bewertung hat aber ihre Grenzen bei der Beurteilung eines ganzen Betriebsmittels. Eine Entscheidung und ein Güteurteil ist gerade hier so oft notwendig, und doch gibt es keine einfache Kennzahl oder eine Bewertungsmethode, die den Wert und Nutzen einer Maschine zuverlässig angibt. Rechenbar und über die Kosten beurteilbar ist immer nur die Zweckmäßigkeit für *eine bestimmte Arbeitsaufgabe;* welche Fertigungsvarianten auf der Maschine zusätzlich möglich sind, welche Verkleinerungen oder Erweiterungen sie gestattet, das wird sich durch unterschiedliche subjektive Wertschätzungen und durch wechselnde betriebsindividuelle Anforderungen stets einer exakten Bewertung entziehen.
Eine diese Schwierigkeiten in Grenzen überbrückende Methode ist die *Punkttabelle*, für die zunächst erst einmal die an das Betriebsmittel gestellten Anforderungen bestimmt und dann nach dem Grad ihrer Bedeutung mit einer Gewichtung versehen werden müßten. Das Betriebsmittel wäre dann innerhalb jeder Anforderungsart mit Punkten zu bewerten, diese zu gewichten und schließlich zu einem Gesamtpunktwert zusammenzuziehen. Das subjektive Moment ist damit zwar nicht ausgeschaltet, aber durch die Zergliederung in Einzelurteile ist eine größere Treffsicherheit gegenüber einem Globalurteil sichergestellt. Solange für die einzelnen Anforderungsarten keine technischen Maßbezugsgrößen bestehen, ist einer Gesamtbewertung von Betriebsmitteln durch Kennzahlen also eine enge Grenze gesteckt.
Mit den bisher wiedergegebenen Überlegungen läßt sich eine gedankliche Erweiterung auf den allgemeinen Begriff der *technisch-wirtschaftlichen Gebrauchsqualität* durchführen, der zur Aufzeigung der Grenzen des Aussagewertes von Kennzahlen und Richtwerten einiges beizutragen vermag. Wenn in den Abschnitten

über den Betriebsvergleich ständig die Notwendigkeit der *Vergleichbarkeit* herausgestellt worden war, und wenn die Vergleichsobjekte als die »Parameter« dieser Vergleiche dienten, so war die Möglichkeit zur Bestimmung ihrer Qualität eine wesentliche Voraussetzung der Durchführbarkeit überhaupt. Nicht nur bei zwischenbetrieblichen Vergleichen, sondern auch bei innerbetrieblichen Erzeugnisvergleichen nach irgendwelchen Gesichtspunkten ist die definierte, nachprüfbare Qualität der technische Gütemaßstab. Wo die Qualität nicht eindeutig definierbar und meßbar ist, läßt sich das Erzeugnis oder sein Herstellverfahren technisch allein auch nicht bewerten und folglich in seinem Nutzen oder seiner Zweckmäßigkeit auch nicht vergleichen.

Ein Beispiel möge das verdeutlichen:

Bei Zahnradgetrieben sind Laufruhe und Geräusch nicht nur von der meßtechnisch festgelegten Qualität (DIN 3962–64) der eingebauten Zahnräder abhängig, sondern man kann folgende Ursachen anführen [41/S. 416ff.]:

1. Das sogenannte »Abrollgleiten«; die Zähne dringen »stemmend« in die Zahnlücke ein und verlassen sie »ziehend«. Der Richtungswechsel der Reibung gibt einen geräuschbildenden Impuls.
2. Die konstruktive Ausbildung des Getriebegehäuses.
3. Die Güte der Werkstattarbeit in bezug auf genau fluchtende Lagerungen und parallele Achslage.
4. Die Rundlaufgenauigkeit mit der Forschung nach konstantem Zahnspiel.
5. Der Summenteilungsfehler (Unregelmäßigkeiten in der Teilkreisteilung).
6. Die Art der Schmierung.

Hinzu kommt noch, daß die Zähne unter Last deformieren, wodurch die nicht unter Last stehenden Zähne winkelmäßig etwas voreilen, was zu einem leichten Stoß beim Berühren, zu einem gestörten Abrollgleiten und somit auch zu Geräuschbildung führt.

Man muß nun bedenken, daß die Geräuscharmut nur eine Anforderung und eine Einflußgröße für die Güte eines Zahnradgetriebes ist, wozu im technischen Bereich noch folgende hinzukommen [51/S. 408]:

Die Leistung und der Raumbedarf (je nach Achsabstand und Breite der Zahnräder und der Materialpaarung).
Das Drehzahlverhältnis und die absolute Größe der Eingangsdrehzahl.
Die Lage und Lagerung der Wellen.
Die Art der Wärmeabführung und die verlangte Betriebssicherheit.

Konstruktive Anforderungen und ökonomische Überlegungen gehen bei der Bestimmung der Gebrauchsqualität Hand in Hand. Nach einem Bewertungsversuch von Kesselring [22/S. 256] sind für die Übersetzungsgetriebe von Personenkraftwagen noch folgende zusätzliche Eigenschaften von Wichtigkeit:

Schalterleichterungen
Grad der Stufenlosigkeit
Überlastbarkeit
Frostunempfindlichkeit
Gewicht
Rückwärtsgang
Freizügigkeit der Anordnung
Bereich der Übersetzung
Ansprüche an die Wartung

Die von Kesselring durchgeführte Punktbewertung von vier Getrieben für Personenkraftwagen (Zahnrad, Reibrad, elektrisch, hydraulisch) [22/S. 256] sei im folgenden wiedergegeben und mag als Beispiel dafür gelten, wie an der Grenze der Kennzahlenbildung der Qualitäts- und Wertigkeitsbegriff statt durch einfache Meßgrößen durch subjektive Bewertungsverfahren ersetzt wird, die durch ein zergliederndes Bewerten nach Punkten immerhin noch zu einer gedrängten Aussage in der Form der »technischen Wertigkeit« kommen:

Bewertung von vier Getrieben
(Nach Kesselring)

Nr.	Eigenschaft	Getriebeart Zahnrad	Reibrad	Elektrisch	Hydraulisch	Ideal
1	Wirkungsgrad	4	3	2	2	4
2	Grad der Lautlosigkeit	3	4	3	4	4
3	Schalterleichterung	2	3	4	4	4
4	Grad der Stufenlosigkeit	2	4	4	4	4
5	Betriebssicherheit	4	1	4	4	4
6	Lebensdauer	3	1	4	4	4
7	Überlastbarkeit	4	1	3	3	4
8	Frostunempfindlichkeit	2	3	4	2	4
9	Raumbedarf	4	2	1	2	4
10	Gewicht	4	3	1	2	4
11	Rückwärtsgang	3	3	4	2	4
12	Freizügigkeit der Anordnung	3	2	4	2	4
13	Bereich der Übersetzung	3	2	4	4	4
14	Ansprüche an Wartung	3	3	3	4	4
	Summe	44	35	45	43	56
	Technische Wertigkeit %	0,79	0,63	0,80	0,77	1,0

Eine weitere Grenze der Kennzahlen war im vergangenen Abschnitt schon gefunden worden und dort mit der Bezeichnung: »das beschreibende Moment« eingeführt. Gemeint war das ergänzende, oft erzählende Beschreiben von zusätzlichen Einzelheiten, die manchmal erst das Zustandekommen der Zahlenwerte begründen.

Was in Richtwerttabellen oft in der Spalte »Bemerkungen« zu finden ist, oder was in gewissen Spalten zwar als Zahl angegeben, aber für Vergleichsrechnungen nicht zur Rechnung selbst notwendig ist, selbst Skizzen und Zeichnungen in ihrer Funktion als Verständigungsmittel, das alles sind zusätzliche, beschreibende Angaben.

In den in Abschnitt (2.1) wiedergegebenen Erfassungsunterlagen des Betriebsvergleichs haben im Fertigungsplan die Angaben der Werkzeuge und Maschinen auch schon beschreibenden Charakter. Allerdings gestattet ein Teil der Angaben zugleich die genauere kostenmäßige Erfassung, getrennt nach Werkzeugkosten und Maschinenstundenkosten. Trotzdem bleiben innerhalb der Maschinendaten zum Beispiel die Kühlmittel und innerhalb der Werkzeugdaten die Schneidenwinkel zusätzliche, nur beschreibende Angaben.

Diese methodische Grenze ist durchaus natürlich, denn sie wird bestimmt durch die Grenze des Beschreibungsvermögens von Zahlen überhaupt. Man braucht sogar nicht erst über die einfachen Grundzahlen auf diese Grenze zu stoßen, sondern bereits innerhalb der Gefügezahlen ist sie anzutreffen:

Die REFA-Lehre definiert den Leistungsgrad folgendermaßen:

$$\text{Leistungsgrad} = \frac{\text{gezeigte Leistung}}{\text{Normalleistung}} \cdot 100(\%)$$

Es handelt sich also um eine dimensionslose Gefügezahl, die in Prozent angegeben wird. In dem Quotienten ist die tatsächliche Leistung zwar eine bekannte, meßbare Größe, die Normalleistung ist jedoch nur von einigen wenigen Tätigkeiten durch Häufigkeitskurven aus einer hinreichend großen Zahl von Meßwerten bekannt. Generell wird vom Zeitstudienmann gefordert, daß er eine *Vorstellung* von der Normalleistung in sich trage und so den Leistungsgrad durch einen ständigen stummen Vergleich mit ihr bestimme.

Die umseitige von BOCKERMANN und GALETZKY aufgestellte Tabelle soll bei diesem Schätzen eine Hilfe sein [8]. Vom beschreibenden Moment wird hier der direkte Sprung zum Leistungsgrad selbst gemacht.

An sich handelt es sich hier auch wieder um Bewertungsfragen, so wie sie bei dem eben besprochenen Getriebevergleich in anderer Richtung auftraten.

Die Arbeitsbewertung möge diese Beispiele abschließend vervollständigen: Beim Lohngruppenkatalog kommt man über die *Beschreibung* der Arbeitsanforderungen zu einer Kennzahl für den Arbeitswert: der Lohngruppe. Die analytische Arbeitsbewertung findet durch Zergliedern der Anforderungsarten und deren Gewichtung mit einer *Punktbewertung* zu einer Punktekennzahl für den Arbeitswert.

Alle diese Analogien haben unter dem Gesichtspunkt der Grenzen der Aussagefähigkeit von Kennzahlen etwas Überraschendes, aber der Übergang von subjektiv-bewertenden oder beschreibenden Angaben zu den ersten, oft noch zusammenhanglosen Zahlenausdrücken ist damit einmal als natürliche, methodische Gemeinsamkeit herausgestellt worden.

Ermittlung des Leistungsfaktors bei Zeitaufnahmen
(Nach BOCKERMANN und GALECZKY)

Bewertung der Einflußgrößen (Punktwertung)

A Geistige oder körperliche Anstrengung	B Arbeitsablauf	C Geschwindigkeit der Handgriffe und Bewegungen	
Höchstes Maß an körperlichen oder geistigem Kräfteeinsatz. Auf die Dauer ohne gesundheitliche Schädigung nicht durchzuhalten (nicht erwünscht)	*Schwankungsfrei* Höchster Übungsgrad! Schwungvoll, jeder Handgriff sitzt, also keine Fehlgriffe, alle Bewegungen fließen ineinander	*Höchstes Tempo* im allgemeinen nicht mehr steigerbar (Unfallgefahr beachten)	+ 3
Sehr gut bester Einsatz, auf kürzere Zeit durchhaltbar, als Dauerbeanspruchung nicht anzuerkennen	*Sehr geringe Schwankungen* sehr guter Übungsgrad und Geschicklichkeit, flüssige abgerundete Bewegungen, geringfügige vermeidbare Unterbrechungen, sehr gute Griffbeherrschung	*Sehr schnell* hervorragendes Tempo, nicht dauernd durchhaltbar	+ 2
Gut guter Einsatz, der einer durchzuhaltenden Dauerbeanspruchung noch entspricht (kein Absinken)	*Geringe Schwankungen* Guter Übungsgrad und Geschicklichkeit, guter Bewegungsablauf, vereinzeltes Einschieben von vermeidbaren Pausen	*Schnell* gutes, flottes Tempo, ohne Hast, bei Dauerleistung noch möglich	+ 1
Normal brauchbarer Einsatz, ohne besondere Anstrengung oder Zurückhaltung	*Normal* normale Übung und Geschicklichkeit, Bewegungsablauf noch regelmäßig, wenn auch mit gelegentlichen vermeidbaren Pausen	*Normal* brauchbares freies Tempo	0
Gering mäßiger Einsatz, offensichtliche Zurückhaltung	*Unregelmäßig* Geringe Übung und Geschicklichkeit, unstetig, stärkeres Auftreten von vermeidbaren Unterbrechungen	*Langsam* Tempo langsam, zum Teil schleppend (gemütlich)	— 1
Sehr gering schlechter Einsatz, sehr starke Zurückhaltung	*Stark schwankend* unzureichender Übungsgrad, unbeholfen, kein zusammenhängender Ablauf, häufige vermeidbare Unterbrechungen	*Sehr langsam* Tempo außergewöhnlich langsam, lahm, träge, erkennbar gehemmt	— 2

Auswertung

	— (unter Normal)					+ (über Normal)					
Punktzahl:	4–6	3	2	1	0	1	2	3	4–5	6–7	8–9
Leistungsfaktor:	0,80	0,85	0,90	0,95	1,00	1,05	1,10	1,15	1,20	1,25	1,30

Anmerkung:
Das umrandete Bewertungsfeld umschließt die Abstufungsmöglichkeiten, wie sie im Betriebsleben normalerweise auftreten.

Beispiel:

	Wertzahl
Spalte A gut	+ 1
Spalte B normal	0
Spalte C schnell	+ 1
Summe	+ 2

demnach Leistungsfaktor: 1,10
Grundzeit = beobachtete Zeit × 1,10

Subjektive Wertschätzungen und andere, in der Verschiedenheit und Individualität der Menschen begründete Einflußgrößen sind es auch, die an anderer Stelle dem Aussagevermögen von Zahlen und Rechenwerten eine Grenze ziehen. Die Unwägbarkeiten bei Wirtschaftlichkeitsrechnungen gehören etwa dazu, die sich der mathematischen Berechnung entziehen und nur qualitativ eingeschätzt werden können. RUMMEL [39/S. 350] diskutiert dies an einer Vergleichsrechnung zwischen Kohlenfeuerung und Ferngas für einen Ofenbetrieb und sagt über die hierbei auftretenden Unwägbarkeiten:

»In unserem Beispiel ist zu berücksichtigen die Sauberkeit des Edelgases, seine leichte Verteilbarkeit, die Einfachheit der Regelung und anderes mehr. Auch negativ wirkende Einflüsse treten auf, z. B. die Festlegung auf viele Jahre, die Gefahr von Ausfällen des Gases und die kaufmännischen Erwägungen zur Festlegung von schwer und teuer zu beschaffendem Kapital, mit der auch eine Erhöhung der fixen Kosten und damit stärkere Konjunkturanfälligkeit verbunden ist und dergleichen mehr.«

Dies als Beispiel zu den Unwägbarkeiten der kalkulatorischen Rechnung. Innerhalb der den gesamten Betrieb oder die gesamte Unternehmung kennzeichnenden Zahlen und den daraus zu folgernden Schlüssen mag ein Beitrag von EGLE zitiert werden, der die zusätzlich möglichen Einflüsse aufzählt und damit von Problemen spricht, die auch von keiner Kennzahl und von keiner exakten Berechnung berücksichtigt werden können [11/S. 366]:

»Ein großer Teil des Wirtschaftsgeschehens und des Unternehmertums sind auf Hoffnung und Befürchtung aufgebaut, die sich vielfach bis zur Leidenschaft zuspitzen. Das sind also ganz unberechenbare Größen. Sie nehmen immer neue Formen und Auswirkungen an. Deshalb sind der Wissenschaft in der Betriebswirtschaft enge Grenzen gesteckt, und auch die Kostenlehre wird nie eine definitive, allgemein gültige Form annehmen.

Dem Menschen kann nicht eine Methode gegenübergestellt werden, sondern dem Menschen muß ein Mensch gegenüberstehen. Darum können Preise eben nicht vollständig durchgerechnet werden, sondern sie müssen überlegt werden, und nach der Überlegung folgt erst noch das Wagnis. Da triumphiert wieder das Fingerspitzengefühl. Hier zeigt sich nun auch die weniger meßbare Seite wirtschaftlicher Erfolge und Mißerfolge, nämlich das Schicksal, das einen jeden trotz bestem Wissen und Gewissen erreichen kann.«

Solche unberechenbaren Einflüsse sollten immer zur Überprüfung der Frage anregen, ob die aus der Vergangenheit gewonnenen Zahlen nicht für die Zukunft schon ungültig sind. Dies gilt allerdings für dimensionsbehaftete betriebswirtschaftliche Kennzahlen eher als für dimensionslose Gefügezahlen und weit eher als für technische Kennzahlen, die einen beständigeren Trend aufweisen werden.

So macht WILLE [55/S. 17] darauf aufmerksam, daß die Gesamtleistung und die Gesamtkosten einer Anlage bei der Inbetriebnahme noch unbekannt sind, und daß es unmöglich ist, der einzelnen Zeit- oder Leistungseinheit den »richtigen« Kostenanteil von vornherein zuzurechnen. Auch überbetriebliche Richt- und Vergleichssätze könnten hier nur als Anhalt dienen.

Subjektive Gründe können es auch sein, die es von vornherein verhindern, überhaupt brauchbares Zahlenmaterial für die Richtwertbildung zu erhalten. EISELE [10/S. 192] greift den Gedanken auf, daß eigentlich die mechanischen Werkstätten der Industrie ein einziges großes Zerspanungslaboratorium darstellen, das täglich neue Zerspanbarkeitswerte ermittelt. Zugleich stellt er aber fest, daß diese Werte

»... allerdings großenteils durch die Art unserer Lohnverfahren nicht betriebs- oder volkswirtschaftlich, sondern vorwiegend individual-wirtschaftlich zur Auswertung kommen ... Man kann nicht erwarten, daß diese in Zerspanung tätigen Facharbeiter an der betriebs- und volkswirtschaftlichen Auswertung ihrer laufenden Zerspanbarkeitsergebnisse interessiert sind, solange sie eine starre Vorkalkulation auf dem Boden schwankender Richtwertzahlen darin hindert. Sie streben also nur ‚persönliche' Bestwerte an, d. h. die Erreichung eines Lohnoptimums bis zu dem im einzelnen Betrieb geduldeten höchsten Stundenverdienst und darüber hinaus die Erzielung einer möglichst großen Akkordreserve ...«

Auch eine definitorische Abgrenzung der Natur der Kennzahlen und Richtwerte gegenüber der *Norm* soll noch gegeben werden:
J. Gaillard [15] definiert den Begriff »*Standard*«, der dem Begriff des Richtwertes am nächsten kommt, als

»... Formel, die für eine gewisse Zeit dazu dient, gewisse charakteristische Züge einer Maßeinheit, eines Gegenstandes, einer Verrichtung, eines Vorganges, einer Methode, einer Gewohnheitsübung, einer Fähigkeit, einer Funktion, einer Leistung, einer Maßnahme, einer Veranstaltung, eines Zustandes, einer Aufgabe, eines Rechts, einer Verantwortung, eines Verhaltens, einer Haltung, eines Begriffes oder einer Vorstellung zu umreißen, zu umschreiben und zu bezeichnen.«

Im Abschnitt (1.3) ist bereits auch eine Systematisierung der Begriffe »Kennzahl«, »Richtwert« und »Sollzahl« nach dem Grad der Repräsentanz, der zeitlichen Gültigkeitsdauer und dem »fordernden« Charakter jeder Zahlenart gegeben worden.
Die Norm hingegen wird von Becker [4/S. 225] beschrieben als »symbolisch festgelegte, objektive Gebrauchsqualität *niederer* Ordnung«, also anwendbar auf Einzelteile, Details, Elemente.
An Einzelheiten zählt Becker für die Anwendbarkeit des Ausdrucks »Norm« (DIN) auf:

Formen und Abmessungen
Stoffeigenschaften
Genauigkeiten
Bemessungen
Kennzeichen
Bildliche Darstellungen
Einheiten und Formelgrößen
Rechenverfahren
Meß- und Prüfverfahren
Bau- und Betriebsanweisungen
Sicherheitsvorschriften
Vordrucke
Typen

In der Betonung der Gebrauchsqualität *niederer* Ordnung liegt eigentlich der wesentliche Unterschied gegenüber dem Standard. (Am Beispiel der Typisierung erläutert Becker, daß sich dort der Begriff »Norm« auf das Einzelteil und der

Begriff »Standard« auf das Fertigerzeugnis bezieht.) Aus der Möglichkeit einer stärkeren Durcharbeitung von Einzelteilen und Elementen auf ihre Zweckmäßigkeit hin folgt die gesteigerte Verbindlichkeit für die Nutzanwendung und die längere zeitliche Gültigkeitsdauer der Norm. Mit den aufgeführten Definitionen ist hinreichend begründet und abgegrenzt, weshalb eine Kennzahl *keine* Norm ist; weder nach den Sachgebieten, noch nach der »Lebensdauer«, noch nach ihrem Grad von Verbindlichkeit.

Es bleibt zu der Reihe der Aufzählungen von Grenzen und Einschränkungen noch hinzuzufügen, daß – zum Beispiel bei überbetrieblichen Vergleichen mit Vorgabezeiten und Zeitaufwendungen überhaupt – ständig und kritisch geprüft werden muß, ob der Schritt von den Einzelkennzahlen zu *Richtwerten* getan werden darf; das heißt, ob eine wirkliche Vergleichbarkeit der Einzelwerte durch den Ausgleich oder die Eliminierung von Größen-, Alters-, Standort- und Bewertungsunterschieden wirklich gegeben ist. Die theoretische Umrechnung für die Vergleichbarmachung bringt dann im wesentlichen immer folgende Nachteile:

1. In den Hauptzeiten ist das Vergleichbarmachen bei verschiedenen *Materialien* und verschiedenen *Güteklassen* schon sehr schwierig und allenfalls unter – bereits wieder problematischen – Zusatzannahmen durchführbar.
2. Die theoretische Umrechnung bringt es mit sich, daß in der Praxis wirksame Einflußgrößen eines Verfahrens nicht voll berücksichtigt werden.
3. Der Vergleich verliert seine Anschaulichkeit und spricht damit nicht mehr unmittelbar die Praxis an.
4. Die Kennzahlen zeigen zwar ein »besser als« oder »schlechter als« an, vermögen selbst aber noch keine Hinweise zu geben, auf welchem Wege das Bessere zu erreichen ist; sie könnten also allenfalls als Anregungen in Form von Meßzahlen dienen, die schnell die Schwerpunkte für notwendige Verbesserungen anzeigen; ein Erfahrungsaustausch bliebe der daran anzuschließende notwendige Schritt.

Kennzahlen aus Betriebsvergleichen, ganz gleich ob technischer oder betriebswirtschaftlicher Natur, sollen nur Anregungen und Verlustquellen auffinden helfen, weshalb sie auch nicht mit der gleichen abwägend-prüfenden Vorsicht gehandhabt und ermittelt zu werden brauchen wie die Richtwerte, die vielleicht später als Grundlage für Planungs- oder Kalkulationszwecke dienen. In jedem Falle bleiben bei Betriebsvergleichen die vermittelbaren *Anregungen* zahlreicher als die möglichen Kennzahlen, was nach dem Gesagten – insbesondere über das »beschreibende Moment« – gut verständlich ist und was hier als die letzte, durch Erfahrung bestätigte Grenze der Aussagemöglichkeiten von Kennzahlen und Kennzahlenvergleichen aufgeführt sei.

3.3 Grenzen zu betriebswirtschaftlichen Kennzahlen und zur Betriebsstatistik

Betriebswirtschaftliche Kennzahlen, Betriebsvergleiche und Betriebsstatistik werden oft in unmittelbarem Zusammenhang miteinander genannt. So sagt Henzel [18/S. 22],

»... daß der Betriebsvergleich nichts anders darstellt als hochentwickelte Betriebsstatistik in Form von Gemeinschaftsarbeit«.

Und an anderer Stelle [18/S. 9]:

»Seinem Wesen nach ist der Betriebsvergleich die sachgemäße Weiterentwicklung der Betriebsstatistik. Die enge Berührung zwischen beiden zeigt sich schon in der Erkenntnis, daß als ein wesentliches Merkmal der Betriebsstatistik das Vergleichsmoment bezeichnet werden muß, das sich aus Gründen der Beurteilung von Erscheinungen und der Kontrolle von Vorgängen und Verantwortungsbereichen ergibt.«

Nun ist es aber gerade der überbetriebliche, betriebswirtschaftliche Vergleich, der mit betriebswirtschaftlichen Kennzahlen (z. B. Branchenkennziffern) arbeitet, und so erscheint die eingangs genannte Koppelung der drei Begriffe zunächst hinreichend begründet.
Die Auffassungen über die Zuständigkeiten und Abhängigkeiten der drei Wissensgebiete sind jedoch nicht einheitlich.
Schott [46/S. 563] äußert in einer Abhandlung über »Betriebswirtschaftliche Kennzahlen«, daß es verfehlt wäre, anzunehmen, daß diese Dinge in das Gebiet einer gut aufgezogenen betrieblichen Statistik gehören, denn das Arbeiten mit Kennzahlen gehöre zum täglichen Rüstzeug eines jeden Verantwortlichen im Betrieb.
Schulz-Mehrin [48/S. 40] macht darauf aufmerksam, daß auch die Art der *Bildung* von Richtzahlen und ihre Auswahl von den üblichen volkswirtschaftlichen und statistischen Verfahren abweicht.
Für die Zwecke der Abgrenzung der die Fertigung betreffenden technischen Kennzahlen gegenüber denen der Betriebswirtschaft und Betriebsstatistik mußte deshalb zur Klärung auf einige grundlegende Definitionen zurückgegriffen werden.

Die Aufgaben der betriebswirtschaftlichen Statistik werden von Lehmann [27/S. 16] vorwiegend in der Zweckausrichtung auf Untersuchungs- und Beobachtungsrechnungen zur mittelbaren Lenkung des Betriebsgeschehens definiert. Sie seien einstellungsmäßig auf die Zukunft ausgerichtet und verfahrensmäßig ein System von Nachrechnungen.

Fechtner [13/S. 7] sagt allgemein:

»Statistik ist eine zahlenmäßig dreidimensionale Darstellung irgendwelcher zähl- oder wägbarer Begriffe, in welchen

als 1. Dimension – die Menge – (z. B. Wert, Anzahl)
als 2. Dimension – die Art – (z. B. Unkosten, Beruf, Erzeugnisse)
als 3. Dimension – die Zeit – (z. B. Monat, Jahre)

Berücksichtigung finden.«

Von der Betriebsstatistik speziell sagt er [13/S. 12]:

»Die Betriebsstatistik vergleicht die aus der Finanz- und Betriebsbuchhaltung kommenden Zahlen mit denen der Vergangenheit, um durch die Entwicklung und Tendenz Schlüsse für die Zukunft ziehen zu können.«

Sowohl Fechtner wie Lehmann betonen, daß die *Reihen* wesentliches Merkmal und Grundlage der Statistik sind. Lehmann [27/S. 130] stellt dieses Merkmal gegenüber den im Schrifttum im allgemeinen vertretenen Satz, daß es die Statistik methodisch mit Massenerscheinungen zu tun habe, bewußt in den Vordergrund und bezeichnet daneben das *Vergleichen* als die Hauptoperation der industriellen Betriebsstatistik [27/S. 130]. Dreierlei an den Reihen könne interessieren:

a) die Einzelzahlen,
b) und c) die *Form* der statischen oder dynamischen Reihen,
d) die Beziehungen zwischen mehreren Reihen.

Diesen Interessenrichtungen stellt Lehmann drei verschiedene Arbeitsstufen als »Höhegrade« statistischer Rechenoperationen gegenüber:

das Feststellen (»Ist«),
das Vergleichen (»Ist« mit »Ist«) und
das Beurteilen (»Ist« mit »Soll«).

Der so gefundenen Systematisierung lassen sich überraschend gut die Sachgebiete des statistischen Arbeitens zuordnen [27/S. 131]:

zu b): die statistische Großzahlforschung,
zu c): die Trendrechnung,
zu d): die Korrelationsrechnung.

Damit seien die Aufgaben und Methoden der Betriebsstatistik umrissen.

Die betriebswirtschaftlichen Kennzahlen werden von Schulz-Mehrin [48/S. 11] definiert als

»... Verhältniszahlen betriebswirtschaftlicher Größen, wie Produktionsmenge, Ertrag, Umsatz, Kapital, Vermögen, Kosten, zueinander«.

Über den Zweck dieser Kennzahlen heißt es weiter:

»Solche Verhältniszahlen ermöglichen der Leitung eines Unternehmens und ihren verantwortlichen Mitarbeitern, schnell und ohne mühsames Durcharbeiten umfangreicher Statistiken zu erkennen, ob ihr Betrieb, sowohl in seiner Entwicklung von einer Periode zur anderen als auch im Vergleich zu anderen, gleichartigen Betrieben, rationell und wirtschaftlich arbeitet; sie geben Hinweise und Anregungen zu Verbesserungen und sind ein wertvolles, ja unentbehrliches Mittel für eine erfolgreiche Betriebsführung.«

Aus den bisherigen Erörterungen über Betriebsstatistik und betriebswirtschaftliche Kennzahlen bleibt festzuhalten, daß sich die Methoden und Ziele dieser beiden Gebiete in keiner Weise von denen der technischen Kennzahlen unterscheiden, sondern lediglich die *Herkunft* der zur Verarbeitung kommenden Ausgangszahlen eine andere ist.

Die Schwierigkeiten auf der Seite der Betriebsstatistik und der betriebswirtschaftlichen Kennzahlen liegen für alle Arten von Vergleichsrechnungen einmal in klaren, definitorischen Abgrenzungen, zum anderen im Verfolgen eines Prinzips der einheitlichen Bewertung.

Den technischen Kennzahlen war der Vorteil zugeschrieben worden, daß sie von Bewertungsfragen unabhängig seien, weil sie von meßbaren technischen Größen ausgehen. Es ließ sich im letzten Kapitel aber schon aufzeigen, wie in Grenzgebieten – auch *ohne* die Nennung von Kosten, Werten oder Preisen – die ersten Bewertungsfragen auftauchen. Dieses Ergebnis sei hier noch einmal besonders herausgestellt, da es die Auffassung widerlegt, daß erst im betriebswirtschaftlichen Bereich die Bewertungsfragen aufträten.

Das Bewertungsproblem kann allerdings nicht mehr umgangen werden, wenn die wirtschaftliche Bedeutung einer Sache bestimmt werden soll. MELLEROWICZ widmet der Frage von »Wert und Wertung im Betrieb« ein eigenes Werk und spricht [30/Vorwort] davon, daß das wirtschaftliche Gewicht jener Unzahl von Faktoren und Quellen, die zusammen den Aufwand und Ertrag einer Unternehmung bestimmen, nicht auf den ersten Blick festgestellt werden könnte.

»... Erst müssen sie (die Faktoren) hierzu mit einer wirtschaftlichen *Kennziffer* versehen werden. *Diese Kennziffer ist ihr Wert.*«

Es kann hier darauf aufmerksam gemacht werden, daß die Produktivität und die Produktivitätsmessung durch den Versuch, das Bewertungsproblem zu umgehen, stets einen eingeschränkten Aussagewert haben werden. Produktivität und Wirtschaftlichkeit können sich deshalb durchaus widersprechen, was von BARTMANN [3] an einem Rechenmodell bewiesen und von BESTE [6/S. 395ff.] im Hinblick auf die Rationalisierung polemisch vertreten worden ist.

MELLEROWICZ gibt zugleich auch an [30/Vorwort], in welchem Punkt letztlich die Schwierigkeiten in allen Bewertungsfragen liegen:

»... Daher ist es sehr weise eingerichtet, daß in der Marktwirtschaft kein fertiges Gebrauchsgut ohne seinen Wert erzeugt wird. Nun ist an dieser Genesis des wirtschaftlichen Werts insofern einiges auszusetzen, als sich diese außerhalb des Betriebes im Markte vollzieht; gewirtschaftet aber wird innerhalb des Betriebes und sonst nirgends. Der wirtschaftliche Wert ist also gerade dort nicht, wo er zum Zwecke der Disposition am meisten gebraucht wird. Er steht außerhalb des Betriebes als ‚schwebender Marktzeitwert' oder ‚natürlicher Preis' ...«

Und an anderer Stelle [30/S. 18]:

»Zwischen Kosten und Preisen kreist die ganze Betriebswirtschaft, wie die Volkswirtschaft zwischen Bedarf und Deckung.«

Und schließlich [30/S. 20]:

»Nur Werte, die den Zeitwert ergeben, sind wirtschaftliche Werte. Der betriebswirtschaftliche ‚Hauptwert' ist der Marktzeitwert. Er ist gleich dem erzielbaren Preis.«

Diese Zitate mögen verdeutlichen, in welchem Spannungsverhältnis zum Markt hin alle betriebswirtschaftlichen Wertungsvorgänge stattfinden. Auch kalkulatorische Rechnungen werden von diesem Verhältnis beeinflußt und müssen an

irgendeiner Stelle im Bewertungsbereich eine Brücke dorthin zu schlagen versuchen.
Aus diesen Gründen und Schwierigkeiten heraus erklärt sich die gegenüber den technischen Kennzahlen verhältnismäßig kurze Gültigkeitsdauer, die beschränktere Vergleichbarkeit und die geringere Repräsentanz der betriebswirtschaftlichen Kennzahlen.
An einem schematischen Modell läßt sich dieser zunehmende Grad der Isolierungsbedürftigkeit bzw. abnehmende Grad von Vergleichbarkeit folgendermaßen veranschaulichen:

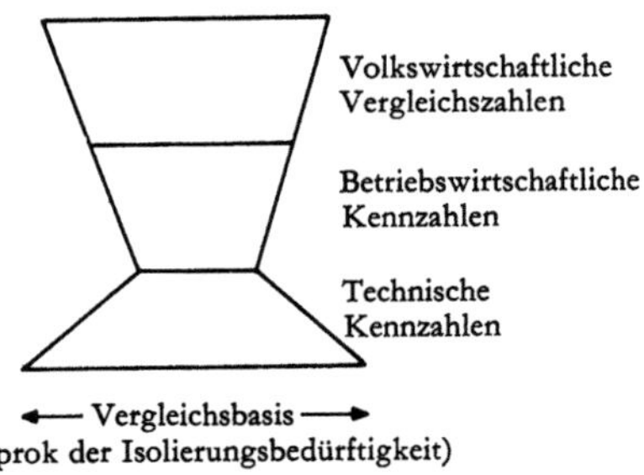

Vergleichsbasis von Kennzahlen aus verschiedenen Bereichen

Die der Vollständigkeit halber aufgeführten volkswirtschaftlichen Vergleichszahlen haben – durch die ihnen zugrunde liegenden Großzahlerscheinungen und die hier rein statistische Art der Mittelwertbildung zusammen mit der vordringlichen Berücksichtigung meßbarer Preisphänomene statt subjektiver oder betriebsindividueller Bewertungsfragen – eine geringere Isolierungsbedürftigkeit.

Die in diesem Kapitel gestellte Aufgabe der Abgrenzung konnte nur ein Versuch sein, die an den Bereich der fertigungstechnischen Kennzahlen anschließenden Wissensgebiete zu beschreiben und die Unterschiede aufzuzeigen. Bestehen bleibt die schon im Abschnitt (1.2) herausgestellte – und später für die kalkulatorischen Rechengrößen am Beispiel der Zahnradfertigung dargelegte – stets notwendige Ausrichtung auf die betriebswirtschaftlichen Kennzahlen und auf eine Bewertungsmöglichkeit hinsichtlich der Wirtschaftlichkeit.
Was die *Person* dessen betrifft, der im Betrieb auf Grund von Kennzahlen nun Berichte, Vorschläge und Kritiken auszuarbeiten hätte, so müßte sogar gefordert werden, daß er sowohl technische wie betriebswirtschaftliche und betriebsstatistische Kenntnisse besitze. Diese müßten durch eine gewisse Erfahrung in Betriebsvergleichen noch ergänzt werden. In dieser Beziehung strenge Grenzen zwischen den einzelnen Wissensgebieten ziehen zu wollen, wäre also sogar von Nachteil.

Die auf die Fertigung bezüglichen technischen Kennzahlen gehen fließend zu denen betriebswirtschaftlicher Natur über; in der kalkulatorischen Rechnung aus den technologischen Einzelangaben oder auf der Basis technischer Bezugsgrößen über die Zeiten zu den kalkulatorischen Kosten; in der betrieblichen Periodenrechnung über die hier summarischen Leistungs- und Mengenangaben und über alle Arten von Produktivitätszahlen zu den Kosten, Umsätzen, Erträgen usw. In den Grenzbereichen finden sich dabei innerhalb der Gütezahlen jene Quotienten, die zur einen Hälfte aus einer technischen Größe und zur anderen aus einer betriebswirtschaftlichen Größe bestehen und deren Klassifizierung kaum eindeutig möglich sein würde. Nach allem bisher Gesagten hat jedoch der organische Zusammenhang zwischen fertigungstechnischen und betriebswirtschaftlichen Kennzahlen – den gerade die Quotienten dieser Art herstellen – weit mehr Bedeutung als der Wunsch nach einer unbedingten Gefügigkeit für eine Klassifizierung.

4. Zusammenfassung und Ergebnis

Nachdem eine allgemeine Übersicht über die Anwendungsgebiete von Kennzahlen und Richtwerten innerhalb des Industriebetriebes gegeben wurde, konnte der Versuch unternommen werden, deren *Systematik und Gliederung* aufzustellen. Von den vorkommenden Zahlenarten werden in einer Aufstellung die gebräuchlichen Begriffe und Begriffsüberschneidungen nach einer Grundgliederung eingeordnet. Zwei betriebswirtschaftliche Kennzahlensysteme und ein auf Zeiten beruhendes System werden durchgesprochen, und es wird die Forderung nach einem kontinuierlichen Übergang der technischen Kennzahlen zu denen betriebswirtschaftlicher Natur begründet und zugleich die Unzweckmäßigkeit einer isolierten Systematik der ersteren dargelegt.
Zur Methodik der Kennzahlen- und Richtwertermittlung werden Fragen der Bezugsgrößen, Auswahlgesichtspunkte und Möglichkeiten der Mittelwertbildung erörtert, die in der Stufung

Kennzahlen, Richtwerte, Sollzahlen

zu einer Systematik der Begriffsinhalte von charakteristischen und repräsentativen Zahlen führen. Daran werden Überlegungen über zweckmäßige oder anschauliche *Richtwertdarstellungen* angeschlossen.
Im speziellen und praktischen Teil der Arbeit wird zunächst die gedankliche Ausgangsbasis – der Betriebs- und Verfahrensvergleich – beschrieben und dabei an Gleichungen für *kalkulatorische Kostenrechnungen* die Verflechtung von Zeit- und Mengengrößen mit den Kostengrößen sichtbar gemacht.
Die praktische Erörterung der Möglichkeiten zur Kennzahlen- und Richtwertbildung enthält Zusammenstellungen von meist bisher unveröffentlichtem Material nach methodischen Gesichtspunkten.
Eine Gleichung zur Errechnung des zerspanten Volumens als Bezugsgröße für Kennzahlen bei Verzahnungsarbeiten wird entwickelt und für Vergleichszwecke erprobt.
Mit Hilfe der Wahrscheinlichkeitstheorie und der Unterlagen des Betriebsvergleichs wird eine für Verzahnungsarbeiten gültige Richtwertempfehlung für Reduktionsfaktoren bei Mehrmaschinenbedienung aufgestellt und schließlich ein als »Richtwertermittlung mit Hilfe repräsentativer Daten« bezeichnetes Verfahren beschrieben und für die weitere Nutzanwendung in einer möglichen neuen Form von Betriebsvergleichen zur Diskussion gestellt.
Die ergänzenden und abschließenden Betrachtungen sind wiederum allgemeiner Natur. Sie versuchen einerseits, den Überblick über die Möglichkeiten zur Kennzahlen- und Richtwertbildung zu vervollständigen und andererseits, die mannigfachen methodischen, technischen, rechnerischen, begrifflich-definitorischen und

anderen Grenzen aufzuzeigen. Die angeschlossene Abgrenzung gegenüber den betriebswirtschaftlichen Kennzahlen und der Betriebsstatistik entspricht dabei weniger einem praktischen Bedürfnis als dem Wunsch nach einer gedanklichen Ordnung.

Bestehen bleibt die unabdingbare Notwendigkeit, alle jene betrieblichen Zustände, Geschehnisse und Veränderungen, die in Kennzahlen oder Richtwerten ihren Niederschlag finden, im *Zusammenhang* und in ihrer gegenseitigen Abhängigkeit zu sehen, wenn die Zahlen eine brauchbare Grundlage für Vergleiche, Urteilsfindungen und Entscheidungen sein sollen.

Die aufgezeigten Ordnungsschemata und die nach methodischen Gesichtspunkten zusammengestellten Beispiele, ergänzt durch neue Überlegungen und Ableitungen, könnten dabei zukünftig eine Hilfe sein, da sie zugleich mit dem erforderlichen allgemeinen Überblick auch die Hinweise für eine praktische Durchführung zu geben versuchen.

Dr.-Ing. Klaus-Günter Wendt

Literaturverzeichnis

[1] APITZ, BUDNIK, KECK und KRUMME, Die DIN-Verzahnungstoleranzen und ihre Anwendung. Verlag Fr. Vieweg & Sohn, Braunschweig 1954.

[2] BAIERL, F., Kennzahlen als Hilfsmittel zur Rationalisierung. REFA-Nachrichten, 8. Jg., Heft 1, 1955.

[3] Bartmann, O., Beitrag zur Klärung des Begriffes, der Bedeutung und der Messung der Produktivität unter besonderer Berücksichtigung der technischen Arbeitsproduktivität. Dissertation, T. H. Aachen 1955.

[4] BECKER, W.-D., Standards und Normen in der Wettbewerbswirtschaft. Zeitschrift Rationalisierung, 1953.

[5] BERND, F., Studie über Maschinenstundenverbrauch und Kosten im Getriebebau. Essen 1954/55, bisher unveröffentlicht.

[6] BESTE, TH., Über die Wege zur echten Rationalisierung. Festschrift der Arbeitsgemeinschaft für Forschung des Landes Nordrhein-Westfalen. Westdeutscher Verlag, Köln und Opladen 1955.

[7] BICKEL, E., Grundfragen des Zerspanungsvorganges. Industrielle Organisation, 1955, Nr. 5.

[8] BOCKERMANN und GALECZKY, Ermittlung des Leistungsfaktors bei Zeitaufnahmen. Formblatt TB 269 der früheren KM-Werft, Wilhelmshaven 1942 (bisher unveröffentlicht).

[9] BÜRKLE, H., Drehen heute. Verlag Holland und Josenhans, Stuttgart 1953.

[10] EISELE, F., Die Wirtschaftlichkeit der Zerspanung. Industrielle Organisation, 1955, Nr. 5.

[11] EGLE, A., Widersprüche in der Kostenrechnung. Industrielle Organisation, 1954, Nr. 11.

[12] EULER, H., Die betriebswirtschaftlichen Grundlagen und Grundbegriffe des Arbeits- und Zeitstudiums. (REFA – Band II, 1948), C. Hanser Verlag, München 1948.

[13] FECHTNER, K., Handbuch der Betriebsstatistik. Fachverlag Dr. Stoytscheff, Nürnberg 1950.

[14] Firma Flender, Bocholt, Kalkulationsblätter der Betriebsabteilung. Arbeitswirtschaft, 1955 (bisher unveröffentlicht).

[15] GAILLARD, J., Industrial Standardisation; Its Principles and Application. New York, Wilson 1924.

[16] GEBELEIN, H., Zahl und Wirklichkeit. Grundzüge einer mathematischen Statistik. Verlag Quelle & Meyer, Heidelberg 1950.

[17] HACKSTEIN, R., Der Arbeitsvergleich als Hilfsmittel für die Rationalisierung von lohnorientierten, industriellen Arbeitsverfahren. Dissertation, T. H. Aachen 1955.

[18] HENZEL, F., Verlustquellen in der Industrie. Betriebswirtschaftlicher Verlag Dr. Th. Gabler, Wiesbaden 1951.

[19] Industrie-Gewerkschaft »Metall«, Auszug aus dem Entwurf eines Manteltarifvertrages, Juli 1955. I. G. Metall, Abt. Lohn- und Tarifwesen.

[20] Käfer, K., Standardkostenrechnung, Budget, Plan- und Maßkosten im Rechnungswesen des Betriebes. C. E. Poeschel Verlag, Stuttgart 1955.
[21] Kalkulationsunterlagen der ehemaligen Kriegsmarinewerft Wilhelmshaven (KM.-Werft), 1941 (bisher unveröffentlicht).
[22] Kesselring, F., Technische Kompositionslehre. Springer-Verlag, Berlin–Göttingen–Heidelberg 1954.
[23] Kubli, F., Die Betriebsvergleichspraxis des Betriebswissenschaftlichen Instituts (der E. T. H. Zürich). Industrielle Organisation, 1951, Nr. 9.
[24] Kubli, F., Grenzen der Aussagefähigkeit des betrieblichen Rechnungswesens. Industrielle Organisation, 1950, S. 359–362.
[25] Kurrle, Fa. Bosch, Stuttgart, Abteilung B. W. O., Übersicht über den Aufbau der Meisterprämie. Unveröffentlichter Umdruckprospekt, 1954.
[26] Langheinrich, G., Der Trend bei der Entwicklung von Richtwert-Tafeln. Zentralblatt für Arbeitswissenschaft und soziale Betriebspraxis, Jg. 1950, Heft 12.
[27] Lehmann, M. R., Grundfragen und Sachgebiete der industriellen Betriebsstatistik. Verlag W. Girardet, Essen 1953.
[28] Mathieu, J., Bartmann und Hackstein, Arbeitszeitvergleich; Grundlagen, Methodik und praktische Durchführung. Forschungsbericht Nr. 126 des Wirtschafts- und Verkehrsministeriums Nordrhein-Westfalen, Westdeutscher Verlag, Köln–Opladen 1955.
[29] Mathieu, J., Frenz, Hackstein, Ringenberg und Wendt, Unveröffentlichtes Manuskript eines Forschungsberichtes über einen Betriebs- und Verfahrensvergleich in der Zahnradfertigung, 1954/55.
[30] Mellerowicz, K., Wert und Wertung im Betrieb. Verlag W. Girardet, Essen 1952.
[31] N. N., Studie über »Platzbedarf von Maschinen«, 1955, bisher unveröffentlicht.
[32] Pribilla, M. E., Organisation der Branchenprüfungen. Der Wirtschaftsprüfer, 1949, Heft 11.
[33] REFA-Buch Band I, Arbeitsgestaltung. C. Hanser Verlag, München 1953.
[34] REFA-Diapositivreihe, Rationelle Arbeitsgestaltung. Reihe d11, Bild 6, REFA-Institut, Darmstadt 1955.
[35] REFA-Heft 1 der Gesellschaft für Arbeitsstudien und Lohnentwicklung. REFA, Stuttgart.
[36] Rohde und Dörrenberg (»May«), Richtwerte für spangebende Bearbeitung. Hausverlag, Düsseldorf-Oberkassel 1949.
[37] Rummel, K., Einige Fragen an die Verfechter der Plankostenrechnung. Zeitschrift für Handelswissenschaftliche Forschung, 3. Jg., 1951, S. 481.
[38] Rummel, K., Einheitliche Kostenrechnung. Verlag Stahleisen m. b. H., Düsseldorf 1949.
[39] Rummel, K., Grundlagen der Wirtschaftlichkeitsberechnung mit besonderer Berücksichtigung der Anlagenbewertung. Industrielle Organisation, 1950, S. 347–353.
[40] Rummel, K., Studien und Glossen zur Kostenrechnung. Carl Hanser Verlag, München 1953.
[41] Schallbroch, H., und W. D. Grossmann, Zur Frage der Zahnformkorrektur an Stirnrädern. Das Industrieblatt, Stuttgart–Düsseldorf, Heft 12, Dezember 1953.
[42] Schmaltz, K., Bilanz- und Betriebsanalyse in Amerika. Stuttgart 1927; und Betriebsanalyse. Stuttgart 1929.
[43] Schmidt-Wulfen, H., Produktivitätskontrolle. Zeitschrift für Organisation, Mai/Juni 1953.
[44] Schnettler, A., Der Betriebsvergleich. C. E. Poeschel Verlag, Stuttgart 1951.

[45] Schott, G., Betriebsvergleiche in der keramischen Industrie. Zeitschrift für handelswissenschaftliche Forschung, 3. Jg., 1951, Westdeutscher Verlag, Köln–Opladen.
[46] Schott, G., Betriebswirtschaftliche Kennzahlen. Zeitschrift für handelswissenschaftliche Forschung, 3. Jg., 1951, Westdeutscher Verlag, Köln–Opladen.
[47] Schroeder, R., Praktische Einführung in die Nomographie. Carl Hanser Verlag, München 1951.
[48] Schulz-Mehrin, O., Betriebswirtschaftliche Kennzahlen als Mittel zur Betriebskontrolle und Betriebsführung. 1954; Deutsche Gesellschaft für Betriebswirtschaft (DGfB), Berlin W 30.
[49] Strunden, J., i. Fa. Klöckner-Humboldt-Deutz AG (Humboldt), Neben- und Rüstzeitstudie bei Verzahnungsmaschinen, 1953, bisher unveröffentlicht.
[50] Tamschick, W., Überbetriebliche Kostenvergleiche als Grundlage von Rationalisierungsarbeiten. Textil-Praxis, Heft Nr. 8, August 1954.
[51] Thomas, W., Die Bedeutung der Normung für die Wirtschaftlichkeit im Zahnradgetriebebau. Industriekurier, Nr. 163 (37), 7. Jg.
[52] Timme, H., Mehrstellenarbeit. Zentralblatt für Arbeitswissenschaft, 2. Jg., Heft 7/8.
[53] Villers, W., Die Mehrstellenarbeit in der Arbeits- und Zeitstudie. Dissertation, T. H. Aachen 1952.
[54] Wedekind, E., Mehrstellenarbeit. REFA-Nachrichten, März 1950, Nr. 1.
[55] Wille, F., Plan- und Standardkostenrechnung. Verlag W. Girardet, Essen 1952.
[56] Wirtschaftsmagazin, Bilanzkritik. Nr. 14, Wiesbaden (25. 7. 1953).
[57] Witthoff, J., Betriebswirtschaftlicher Verfahrensvergleich. REFA-Nachrichten, Dezember 1951, S. 73ff.
[58] Witthoff, J., Die Hartmetallwerkzeuge in der spanabhebenden Formung. Carl Hanser Verlag, München 1952.
[59] Witthoff, J., Wirtschaftlichkeitsfragen der Erzeugung und Fertigung, in: Notwendige Schritte deutscher Technik, Heft 4, Droste Verlag KG, Düsseldorf 1953.
[60] Zähringer, W., Planungen und Diagramme für Betriebsverhalten der Eisen- und Metall-Industrie. Badenia-Verlag, Karlsruhe–Baden 1946.
[61] Zizek, F., Grundriß der Statistik. 2. Auflage, München 1932, S. 148.

FORSCHUNGSBERICHTE DES LANDES NORDRHEIN-WESTFALEN

Herausgegeben im Auftrage des Ministerpräsidenten Dr. Franz Meyers von Staatssekretär Prof. Dr. h. c. Dr.-Ing. E. h. Leo Brandt

RATIONALISIERUNG

HEFT 1052
Prof. Dr.-Ing. Joseph Mathieu, Dr. rer. nat. Konstantin Behnert und Dipl.-Ing. Johann Heinrich Jung, Forschungsinstitut für Rationalisierung an der Rhein.-Westf. Technischen Hochschule Aachen
Mathematisch-organisatorische Studie zur Planung der Kapazität von Betriebsanlagen
1961, 62 Seiten, DM 20,60

HEFT 1073
Prof. Dr.-Ing. Joseph Mathieu, Dr. rer. pol. Roland A. Schmitz und Dipl.-Kfm. Paul Müller-Giebeler, Forschungsinstitut für Rationalisierung an der Rhein.-Westf. Technischen Hochschule Aachen
Untersuchung über Grundlagen und Anwendbarkeit von Vertriebskosten-Vergleichen
1962, 79 Seiten, zahlr. Abb., 5 Tabellen, DM 39,—

HEFT 1111
Prof. Dr.-Ing. Joseph Mathieu und Dr.-Ing. Werner Zimmermann, Institut für Arbeitswissenschaft der Rhein.-Westf. Technischen Hochschule Aachen
Bestimmung des optimalen Produktionsprogrammes in Industriebetrieben
1962, 65 Seiten, 19 Abb., 19 Tabellen, 11 Simplex-Tabellen, DM 54,60

HEFT 1112
Prof. Dr.-Ing. Joseph Mathieu, Dipl.-Ing. Alfred Schnadt, Dipl.-Ing. Hans Schönefeld und Dr.-Ing. Werner Zimmermann, Institut für Arbeitswissenschaft der Rhein.-Westf. Technischen Hochschule Aachen
Beschäftigung und Ausbildung technischer Führungskräfte
1962, 108 Seiten, 2 Abb., 69 Tabellen, DM 49,50

HEFT 1174
Deutsches Krankenhausinstitut e. V., Düsseldorf
Strahlenuntersuchungen und Strahlenbehandlungen — Organisation und Arbeitsablaufgestaltung in Strahlenabteilungen Allgemeiner Krankenhäuser
1963, 172 Seiten, 28 Abb., 29 Tabellen. DM 85,50

HEFT 1181
Prof. Dr.-Ing. Joseph Mathieu und Dipl.-Ing. Kurt Gollnow, Forschungsinstitut für Rationalisierung an der Rhein.-Westf. Technischen Hochschule Aachen
Beitrag zur Rationalisierung handwerklicher Betriebe — Entwicklung einer Untersuchungsmethode, dargestellt am Beispiel des Schreinerhandwerks
1963, 118 Seiten, 19 Abb., zahlr. Übersichten DM 62,50

HEFT 1216
Prof. Dr.-Ing. Joseph Mathieu, Dr.-Ing. Johann Heinrich Jung und Dr. rer. nat. Konstantin Behnert, Forschungsinstitut für Rationalisierung an der Rhein.-Westf. Technischen Hochschule Aachen
Ein Verfahren zur Planung der Maschinenbelegung in einer Fertigungsstufe
1963, 39 Seiten, 18 Abb., DM 19,50

HEFT 1225
Prof. Dr.-Ing. Joseph Mathieu, Dipl.-Ing. Johannes Georg Endter und Dr. phil. Carl Alexander Roos, Forschungsinstitut für Rationalisierung an der Rhein.-Westf. Technischen Hochschule Aachen
Der Ingenieur im industriellen Vertrieb
1963, 100 Seiten, 2 Abb., 49 Tabellen, DM 39,40

HEFT 1227
Prof. Dr.-Ing. Joseph Mathieu und Dr.-Ing. Wolfgang Frenz, Forschungsinstitut für Rationalisierung an der Rhein.-Westf. Technischen Hochschule Aachen
Untersuchungen zur Arbeitszeiteinteilung in kontinuierlich arbeitenden Betrieben
1963, 65 Seiten, zahlr. Tabellen, DM 36,—

HEFT 1228
Dr.-Ing. Wolfgang Frenz, Forschungsinstitut für Rationalisierung an der Rhein.-Westf. Technischen Hochschule Aachen, Direktor: Prof. Dr.-Ing. Joseph Mathieu
Beitrag zur Messung der Produktivität und deren Vergleich auf der Grundlage technischer Mengengrößen
1963, 53 Seiten, DM 24,50

HEFT 1229
Dr.-Ing. Georg Ringenberg, Forschungsinstitut für Rationalisierung an der Rhein.-Westf. Technischen Hochschule Aachen, Direktor: Prof. Dr.-Ing. Joseph Mathieu
Ein Beitrag zur Beurteilung von Großzahlerscheinungen in der Arbeitswissenschaft mit Hilfe quantitativer Methoden

HEFT 1230
Dr.-Ing. Mostafa Hamdy Ahmed Hamdy, Rhein.-Westf. Technische Hochschule Aachen, Direktor: Prof. Dr.-Ing. Joseph Mathieu
Beitrag zur Kritik der Verfahren vorbestimmter Zeiten
In Vorbereitung

HEFT 1231
Dr.-Ing. Klaus-Günter Wendt, Forschungsinstitut für Rationalisierung an der Rhein.-Westf. Technischen Hochschule Aachen, Direktor: Prof. Dr.-Ing. Joseph Mathieu
Möglichkeiten und Grenzen der Ermittlung von fertigungstechnischen Kennzahlen und Richtwerten, erörtert am Beispiel der Zahnradherstellung

HEFT 1232
Dr.-Ing. Friedrich Tübergen, Forschungsinstitut für Rationalisierung an der Rhein.-Westf. Technischen Hochschule Aachen, Direktor: Prof. Dr.-Ing. Joseph Mathieu
Untersuchung über Möglichkeiten zur Berücksichtigung unterschiedlicher Erzeugnisqualitäten bei der Produktivitätsmessung, erläutert am Beispiel einer spanabhebenden, feinmechanischen Fertigung.
1963, 76 Seiten, 14 Tafeln, DM 29,—

HEFT 1233
Dr.-Ing. Joachim P. Rockstuhl, Essen-Stadtwall
Untersuchung über Möglichkeiten einer verursachungsgerechten Zuordnung der im betrieblichen Fertigungsablauf entstehenden Kosten, insbesondere der Restgemeinkosten

HEFT 1237
Verband Deutscher Streichgarnspinner e. V., Düsseldorf
Betriebsvergleich in den Streichgarnspinnereien, Teil 1, bearbeitet vom Forschungsinstitut für Rationalisierung an der Rhein.-Westf. Technischen Hochschule Aachen
Direktor: Prof. Dr.-Ing. Joseph Mathieu

HEFT 1250
Dr. Friedrich Walter, Lehrbeauftragter für Regionale Statistik an der Universität Münster
Regionale Wirtschaftsstatistik nach Betrieben, ihre kartographische Auswertung und deren Bedeutung
In Vorbereitung

HEFT 1257
Dipl.-Ing. H. Lick, Dipl.-Ing. A. Prüßmann und Dipl.-Ing. J. M. Rychwalski, Institut für Elektrische Nachrichtentechnik der Rhein.-Westf. Technischen Hochschule Aachen
Beiträge zur Theorie und Praxis selbsttätiger elektrischer Brandmelde-Geber
II. Teil: Brandmeldung als nachrichtentechnisches Problem, Prüfung der thermischen Eigenschaften der Temperatur-Geber, Rauch als Merkmal eines Brandes, Auswertung von Brandstatistiken
1963, 76 Seiten, Zahlr. Abb., DM 39,50

HEFT 1259
Priv.-Doz. Dr. med. Dr. phil. Joseph Rutenfranz und Prof. Dr. med. Otto Graf, Max-Planck-Institut für Arbeitsphysiologie, Dortmund
Zur Frage der zeitlichen Belastung von Lehrkräften
1963, 53 Seiten, 7 Abb., 15 Tabellen, DM 24,—

HEFT 1265
Dr.-Ing. Fulvio Fonzi, Institut für Arbeitswissenschaft der Rhein.-Westf. Technischen Hochschule Aachen, Direktor: Prof. Dr.-Ing. Joseph Mathieu
Beitrag zur Anwendung mathematischer Methoden für eine wirtschaftlichere Gestaltung der Fertigung
In Vorbereitung

HEFT 1266
Prof. Dr.-Ing. Joseph Mathieu und Dr.-Ing. Johann Heinrich Jung, Forschungsinstitut für Rationalisierung an der Rhein.-Westf. Technischen Hochschule Aachen
Rechenprogramm und Beispielrechnung in einer Fertigungsstufe
1963, 33 Seiten, 3 Abb., 3 Tabellen, DM 15,60

HEFT 1269
Dipl.-Ing. K. H. Eberhard Kroemer, Max-Planck-Institut für Arbeitsphysiologie, Dortmund, Direktor: Prof. Gunther Lehmann
Bedienteile an Handpressen und anderen Werkzeugmaschinen
1963, 37 Seiten, 25 Abb., 2 Tabellen. DM 17,40

HEFT 1279
Karl-Heinz Böhling, Rhein.-Westf. Institut für Instrumentelle Mathematik, Bonn
Zur Strukturtheorie sequentieller Automaten
In Vorbereitung

HEFT 1290

Dr. rer. nat. Wolf-Dietrich Meisel, Rhein.-Westf. Institut für Instrumentelle Mathematik, Bonn

Zur Simulation einer digitalen Integrieranlage mittels eines elektronischen Rechenautomaten

1963, 29 Seiten. *DM 9,90*

HEFT 1291

Gerhard Schröder, Rhein.-Westf. Insitut für Instrumentelle Mathematik, Bonn

Über die Konvergenz einiger Jacobi-Verfahren zur Bestimmung der Eigenwerte symmetrischer Matrizen

In Vorbereitung

HEFT 1301

Dipl.-Ing. Peter Mevert, Forschungsinstitut für Rationalisierung an der Rhein.-Westf. Technischen Hochschule Aachen, Direktor: Prof. Dr.-Ing. Joseph Mathieu

Untersuchung über die Genauigkeit von Multimomentstudien

In Vorbereitung

HEFT 1306

Prof. Dr. E. Peschl und Dr. Karl Wilhelm Bauer, Rhein.-Westf. Institut für Instrumentelle Mathematik, Bonn

Über eine nichtlineare Differentialgleichung 2. Ordnung, die bei einem gewissen Abschätzungsverfahren eine besondere Rolle spielt

In Vorbereitung

HEFT 1307

Dipl.-Math. Jürgen R. Mankopf, Rhein.-Westf. Institut für Instrumentelle Mathematik, Bonn

Über die periodischen Lösungen der VAN DER POLschen Differentialgleichung $\ddot{x} + \mu (x^2 - 1) \dot{x} + x = 0$

In Vorbereitung

HEFT 1308

Heinz Ober-Kassebaum. Rhein.-Westf. Institut für Instrumentelle Mathematik, Bonn

Über die P-Separation der Schrödlinger-Gleichung und der Laplace-Gleichung in Riemannschen Räumen

In Vorbereitung

HEFT 1313

Joachim Hornung und Dr. med. Jürgen Stegemann, Max-Planck-Institut für Arbeitsphysiologie, Dortmund Direktor: Dr. med. Gunther Lehmann

Ein nichtlineares kybernetisches Modell für die Pupillenreaktion auf Licht

In Vorbereitung

Verzeichnisse der Forschungsberichte aus folgenden Gebieten können beim Verlag angefordert werden:

Acetylen/Schweißtechnik – Arbeitswissenschaft – Bau/Steine/Erden – Bergbau – Biologie – Chemie – Eisenverarbeitende Industrie – Elektrotechnik/Optik – Energiewirtschaft – Fahrzeugbau/Gasmotoren – Farbe/Papier/Photographie – Fertigung – Funktechnik/Astronomie – Gaswirtschaft – Holzbearbeitung – Hüttenwesen/Werkstoffkunde – Kunststoffe – Luftfahrt/Flugwissenschaften – Luftreinhaltung – Maschinenbau – Mathematik – Medizin/Pharmakologie/NE-Metalle – Physik – Rationalisierung – Schall/Ultraschall – Schiffahrt – Textiltechnik/Faserforschung/Wäschereiforschung – Turbinen – Verkehr – Wirtschaftswissenschaft

WESTDEUTSCHER VERLAG · KÖLN UND OPLADEN
567 Opladen/Rhld., Ophovener Straße 1-3

GPSR Compliance

The European Union's (EU) General Product Safety Regulation (GPSR) is a set of rules that requires consumer products to be safe and our obligations to ensure this.

If you have any concerns about our products, you can contact us on ProductSafety@springernature.com

In case Publisher is established outside the EU, the EU authorized representative is:

Springer Nature Customer Service Center GmbH
Europaplatz 3
69115 Heidelberg, Germany

Batch number: 10584556

Printed by Printforce, the Netherlands